高等学校基础课教材

定量分析化学实验

中国林业出版社

图书在版编目（CIP）数据

定量分析化学实验/罗倩，苑嗣纯主编. —北京：中国林业出版社，2013.2（2019.1 重印）
高等学校基础课教材

ISBN 978-7-5038-6861-0

Ⅰ．①定… Ⅱ．①罗… ②苑 Ⅲ．①定量分析-化学实验 Ⅳ．①O652.1

中国版本图书馆 CIP 数据核字（2012）第 297093 号

《定量分析化学实验》编写人员

主　编　罗　倩　苑嗣纯
副主编　郑燕英　任守静　李云乐
编　者　罗　倩　苑嗣纯　郑燕英　任守静　李云乐　杨　柳
　　　　姜怀玺　王建立
主　审　葛　兴

中国林业出版社

责任编辑：李　顺　王思明
出版咨询：(010)83223051

出　　版：中国林业出版社（100009　北京西城区德内大街刘海胡同 7 号）
网　　站：http://lycb.forestry.gov.cn/
印　　刷：固安县京平诚乾印刷有限公司
发　　行：新华书店北京发行所
电　　话：(010) 83224477
版　　次：2013 年 2 月第 1 版
印　　次：2019 年 1 月第 3 次
开　　本：889mm×1194mm 1/16
印　　张：7.5
字　　数：300 千字
定　　价：28.00 元

前　言

分析化学是高等农业院校重要的基础课程之一。21 世纪高等农业院校分析化学教学体系和教学内容发生了一定幅度的改变，在理论和应用等多方面不断更新，在教学方法、考试内容及实验内容、实验手段诸方面提出了更高的要求，也带来许多新课题。分析化学实验中定量分析部分极为重要，在教学大纲、教学目的、目标等方面均有明确的体现。

为了更好地贯彻教学大纲，满足教学需求，我们编写了《定量分析化学实验》。目的是指导学生掌握定量分析化学实验课程的基本实验技能，培养学生分析问题、解决问题的能力，同时强调学生的自学能力，启迪学生的思维方法，通过实验使学生加深对定量分析化学基本理论的理解，比较熟练地掌握定量分析化学的基本操作技能，为后继课程的学习打好一定的基础。

化学分析实验是定量分析化学实验的基础，通过定量化学分析实验课程的教学，实验技能的训练使定量分析化学的理论知识转化为实际应用能力，在教学环节中能力、素质的培养十分重要。

仪器分析是分析化学中发展速度最快、应用范围最广的部分。许多分析工作对准确度、灵敏度、选择性等诸方面提出了极高的要求。通过仪器分析实验的教学，能使学生能够进一步理解光学、电化学、色谱等分析方法的原理、方法特点、应用范围，掌握实验仪器的使用、实验技术及实验结果分析，达到实验教学的目的，为培养学生实践能力提供了一个平台。

本教材具有以下特点：

化学实验部分与仪器实验部分均在关注基本技能及验证实验的基础上，侧重于综合应用实验，实验的安排形成了"基础训练实验→综合实验"二层次实验教学的新体系。为使学生由简单到复杂、单一到综合，由基本到专业进行技能的熟练操作及学生选修提供了一定的基础。是循环往复、螺旋式上升的提高。

化学实验部分与仪器实验部分在完成了"基础训练实验→综合实验"教学基础上，增加了设计实验内容，以提高实验教学的效果与水平。

本书中增加了非水滴定的内容及实际样品分析，以培养学生解决实际问题的能力。

本书中注重基本实验技能操作、实验仪器的使用的介绍，为提高学生实验基本技能提供帮助。

全书由罗蒨、苑嗣纯、郑燕英、任守静、李云乐、杨柳、姜怀玺、王建立编写，由主编、副主编统稿。其中罗蒨（执笔第一、二、三章、目录、附录二），苑嗣纯（执笔第八章），郑燕英（执笔第四章第一、三、四节），任守静（执笔第五章第一节），李云乐（执笔第四章第二节、附录一）。杨柳（执笔第七章）、姜怀玺（第六章）、王建立（执笔第五章第二节）。

葛兴女士主审，对本书稿提出了许多宝贵的修改意见。中国林业出版社有关同志为该书的出版付出辛勤劳动，表示感谢。

由于编者的水平及经验有限，虽然做了最大努力，但难免出现错误，书中的错漏、疏忽之处请读者批评指正。

编　者
2012 年 8 月 25 日

目 录

第一章 定量分析化学实验的要求及基础知识

第一节 定量分析化学实验的基本要求

分析化学是化学的重要分支学科之一。分析化学实验课程是高等农业院校有关专业的重要基础课，具有很强的实践性。其中定量分析化学实验课程的内容及实验安排所占学时比例比较高，说明实验课程的内容的重要性。

为了达到实验目的，要求学生做到：实验前认真预习，领会实验原理，了解实验步骤和注意事项，做到心中有数。实验前做好预习，列好表格，查好有关数据，以便实验时及时、准确地记录和进行数据处理。实验时要严格按照规范操作进行，仔细观察实验现象，并及时记录。要善于思考，学会运用所学理论知识解释实验现象，研究实验中的问题。要保持实验台和整个实验室的整洁。

第二节 实验数据的记录、处理和实验报告

一、实验数据的记录

学生应有专门的、预先编有页码的实验记录本，不得撕去任何一页。绝不允许将数据记在单页纸或小纸片上，或记在书上、手掌上等。实验过程中的各种测量数据及有关现象，应及时、准确而清楚地记录下来。记录实验数据时，要有严谨的科学态度，要实事求是，切忌夹杂主观因素，决不能随意拼凑和伪造数据。

实验过程中涉及到的各种特殊仪器的型号和标准溶液浓度等，也应及时准确记录下来。

记录实验过程中的测量数据时，应注意其有效数字的位数。用分析天平称重时，要求记录至 0.0001g；滴定管及吸量管的读数，应记录至 0.01mL；用分光光度计测量溶液的吸光度时，如吸光度在 0.6 以下，应记录至 0.001 的读数，大于 0.6 时，则要求记录至 0.01 读数。

实验记录上的每一个数据，都是测量结果，所以，重复测定时，即使数据完全相同，也应记录下来。

进行记录时，对文字记录，应整齐清洁。对数据记录，应用一定的表格形式，这样就更为清楚明白。

在实验过程中，如发现数据算错、测定错或读错时，需要改动，可将该数据用一横线划去，并在其上方写上正确的数字。

二、实验报告

实验完毕，根据预习和实验中的现象及数据记录等，及时、认真地写出实验报告。分析化学实验报告一般包括以下内容：

实验（编号）实验名称

1. 实验目的

2. 实验原理　简要地用文字和化学反应式说明。例如对于滴定分析，通常应有标定和滴定反应方程式，基准物质和指示剂的选择，标定和滴定的计算公式等。对特殊仪器的实验装置，应画出实验装置图。

3. 主要试剂和仪器　列出实验中使用的主要试剂和仪器。

4. 实验步骤　应简明扼要地写出实验步骤、流程。

5. 实验数据及其处理　应用文字、表格、图形，将数据表示出来。根据实验要求及计算公式计算出分析结果并进行有关数据和误差处理，尽可能地使记录表格化。

6. 误差分析及问题讨论　对实验中的现象、产生的误差等进行讨论和分析，尽可能地结合分析化学中有关理论，以提高自己的分析问题、解决问题的能力，也为以后的科学研究论文的撰写打下一定的基础。

第三节　学生实验成绩的评定

学生实验成绩的评定，应包括以下几项内容：（1）预习与否及实验态度；（2）实验操作技能；（3）实验报告的撰写是否认真和符合要求，实验结果的精密度、准确度和有效数字的表达等；（4）实验结果分析。

学生通过分析化学课程的学习，加深对分析化学基础理论、基本知识的理解，正确和较熟练地掌握分析化学实验技能和基本操作，提高观察、分析和解决问题的能力，培养学生严谨的工作作风和实事求是的科学态度，树立严格的"量"的概念，为学习后继课程和未来的科学研究及实际工作打下良好的基础。

第四节　化学试剂规格

化学试剂产品很多，有无机试剂和有机试剂两大类，又可按用途分为标准试剂、一般试剂、高纯试剂、特效试剂、仪器分析专用试剂、指示剂、生化试剂、临床试剂、电子工业或食品工业专用试剂等。世界各国对化学试剂产品有国家标准（GB）和专业（行业，ZB）标准及企业标准（QB）等。国际标准化组织（ISO）和国际纯粹化学与应用化学联合会（IUPAC）也都有很多相应的标准和规定。例如，IUPAC 对化学标准物质的分级有：A 级、B 级、C 级、D 级和 E 级。A 级为原子量标准，B 级为与 A 级最接近的基准物质，C 级和 D 级为滴定分析标准试剂，含量分别为（100±0.02）%和（100±0.05）%，而 E 级为以 C 级或 D 级试剂为标准进行对比测定所得的纯度或相当于这种纯度的试剂。

我国的主要国产标准试剂和一般试剂的等级及用途见表 1-1。

化学试剂中，指示剂纯度往往不太明确。除少数标明"分析纯"、"试剂四级"外，经常遇到只写明"化学试剂"、"企业标准"或"生物染色素"等。常用的有机溶剂、掩蔽剂等，也经常见到级别不明的情况，平常只可作为"化学纯"试剂使用，必要时面进行提纯。例如，三乙醇胺中铁含量较大，而又常用来掩蔽铁，因此使用该试剂时，必须注意。

生物化学中使用的特殊试剂，纯度表示和化学中一般试剂表示也不相同。例如，蛋白质类试剂，经常以含量表示，或以某种方法（如电泳法等）测定杂质含量来表示。再如，酶是以每单位时间能酶解多少物质来表示其纯度，就是说，它是以其活力来表示的。

表 1-1 主要国产化学试剂的级别与用途

标准试剂 类别（级别）	主要用途	相当于 IUPAC 的级别
容量分析第一基准 容量分析工作基准 容量分析标准溶液 杂质分析标准溶液 一级 pH 基准试剂 pH 基准试剂 有机元素分析标准 热值分析标准 农药分析标准 临床分析标准 气相色谱分析标准	容量分析工作基准试剂的定值 容量分析标准溶液的定值 容量分析测定物质的含量 仪器及化学分析中用作杂质分析的标准 pH 基准试剂的定值和精密 pH 计的校准 pH 计的定位（校准） 有机物的元素分析 热值分析仪的标定 农药分析的标准 临床分析化验标准 气相色谱法进行定性和定量分析的标准	C D E C D E E

一般试剂级别	中文名称	英文符号	标签颜色	主要用途
一级	优级纯（保证试剂）	GR	深绿色	精密分析实验
二级	分析纯（分析试剂）	AR	红色	一般分析实验
三级	化学纯	CP	蓝色	一般化学实验
生化试剂	生化试剂 生物染色剂	BR	咖啡色	生物化学实验

此外，还有一些特殊用途的所谓高纯试剂。例如，"色谱纯"试剂，是在最高灵敏度下以 10^{-10}g 下无杂质峰来表示的；"光谱纯"试剂，它是以光谱分析时出现的干扰谱线的数目强度大小来衡量的，往往含有该试剂各种氧化物，它不能认为是化学分析的基准试剂，这一点须特别注意；"放射化学纯"试剂，它是以放射性测定时出现干扰的核辐射强度来衡量的；"MOS"级试剂，它是"金属-氧化物-半导体"试剂的简称，是电子工业专用的化学试剂，等等。

在一般分析工作中，通常要求使用 AR 级的分析纯试剂。

常用化学试剂的检验，除经典的湿法化学方法之外，已愈来愈多地使用物理化学方法和物理方法，如原子吸收光谱法、发射光谱法、电化学方法、紫外、红外和核磁共振分析法以及色谱法等。高纯试剂的检验，无疑地只能选用比较灵敏的痕量分析方法。

分析工作者必须对化学试剂标准有一明确的认识，做到科学地存放和合理的使用化学试剂，既不超规格造成浪费，又不随意降低规格而影响分析结果的准确度。

第五节 实验安全知识

在分析化学实验中，经常使用腐蚀性的、易燃、易爆炸的或有毒的化学试剂，大量使用易损的玻璃仪器和某些精密分析仪器及煤气、水、电等。为确保实验的正常进行和人身安全，必须严格遵守实验室的安全规则。

（1）实验室内严禁饮食、吸烟，一切化学药品禁止入口。实验完毕须洗手。水、电、煤气灯使用完毕后，应立即关闭。离开实验室时，应仔细检查水、电、煤气、门、窗，是否均已关好。

（2）使用煤气灯时，应先将空气孔调小，再点燃火柴，然后一边打开煤气开关，一边点火。不允许先开煤气灯，再点燃火柴。点燃煤气灯后，调节好火焰。用后立即关闭。

（3）使用电器设备时，应特别细心，切不可用湿润的手去开启电闸和电器开关。凡是漏电的仪器不要使用，以免触电。

（4）浓酸、浓碱具有强烈的腐蚀性，切勿溅在皮肤和衣服上。使用浓 HNO_3、HCl、H_2SO_4、$HClO_4$、氨水时，均应在通风橱中操作，绝不允许在实验室加热。夏天，打开浓氨水瓶盖之前，应先将氨水瓶放在自来水充水下冷却后，再行开启。如不小心将酸或碱溅到皮肤或眼内，应立即用水冲洗，然后用 $50g·L^{-1}$ 碳酸氢钠溶液（酸腐蚀时采用）或 $50g·L^{-1}$ 硼酸溶液（碱腐蚀时采用）冲洗，最后用水冲洗。

（5）使用 CCl_4、乙醚、苯、丙酮、三氯甲烷等有机溶剂时，一定要远离火焰和热源。使用完后将试剂瓶塞严，放在阴凉处保存。低沸点的有机溶剂不能直接在火焰上或热源（煤气灯或电炉）上加热，而应在水浴上加热。

（6）热、浓的 $HClO_4$ 遇有机物常易发生爆炸。如果试样为有机物，应先用浓硝酸加热，使之与有机物发生反应，有机物被破坏后，再加入 $HClO_4$。蒸发 $HClO_4$ 所产生的烟雾易在通风橱中凝聚，如经常使用 $HClO_4$ 的通风橱应定期用水冲洗，以免 $HClO_4$ 的凝聚物与尘埃、有机物作用，引起燃烧或爆炸，造成事故。

（7）汞盐、砷化物、氰化物等剧毒物品，使用时应特别小心。氰化物不能接触酸，因作用时产生剧毒的 HCN！氰化物废液应倒入碱性亚铁盐溶液中，使其转化为亚铁氰化铁盐，然后作废液处理，严禁直接倒入下水道或废液缸中。

硫化氢气体有毒，涉及到有关硫化氢气体的操作时，一定要在通风橱中进行。

（8）如发生烫伤，可在烫伤处抹上黄色的苦味酸溶液或烫伤软膏。严重者应立即送医院治疗。实验室如发生火灾，就根据起火的原因进行针对性灭火。酒清及其它可溶于水的液体着火时，可用水灭火；汽油、乙醚等有机溶剂着火时，用砂土扑灭，此时绝对不能用水，否则反而扩大燃烧面；导线或电器着火时，不能用水及 CO_2 灭火器，而应首先切断电源，用 CCl_4 灭火器灭火，并根据火情决定是否要向消防部门报告。

（9）实验室应保持室内整齐、干净。不能将毛刷、抹布扔在水槽中；禁止将固体物、玻璃碎片等扔入水槽内，以免造成下水道堵塞。此类物质以及废纸、废屑应放入废纸箱或实验室规定存放的地方。废酸、废碱应小心倒入废液缸，切勿倒入水槽内，以免腐蚀下水管。

第二章　分析仪器和基本操作

第一节　分析天平及其基本操作

一、分析天平的分类

根据分析天平的结构特点，可分为等臂（双盘）分析天平、不等臂（单盘）分析天平和电子天平三类。它们的载荷一般为 $100\sim200g$。有时又根据分度值的大小，分为常量分析天平（$0.1mg\cdot℃^{-1}$）、微量分析天平（$0.01mg\cdot℃^{-1}$）。

常用分析天平的规格、型号见表 2-1。这里重点介绍等臂（双盘）半机械加码电光天平和电子分析天平。

表 2-1　常用分析天平的规格型号

种类	型号	名称	规格
双盘天平	TG328A TG328B TG322A	全机械加码电光天平 半机械加码电光天平 微量天平	200g/0.1mg 200g/0.1mg 20g/0.01mg
单盘天平	DT-100 DTG-160	单盘精密天平 单盘电光天平	100g/0.1mg 160g/0.1mg
电子天平	AB－N PB－N ML204	电子天平 电子天平 电子天平	200g /0.1mg 200~4000g/0.1~1mg 220g/0.1mg

本类型单盘天平为不等臂横梁、光学投影显示、机械式单盘天平。

二、单盘分析天平称量原理

由于单盘天平的横梁只有两个刀口：一个支点刀和一个承重刀，内含砝码与被称物在同一个悬挂系统中，这个悬挂系统作用在承重刀上。

开动天平后，横梁稳定地平衡在某一位置。当悬挂系统的称盘上放置被称物时，悬挂系统由于增加重量而下沉，为了保持横梁原有的平衡位置，必须在悬挂系统中减掉一定数量的内含砝码直到横梁回复到原有的平衡位置，即用放置在称盘上的被称物替代悬挂系统中的内含砝码，使横梁保持原有的位置，那么所减去的砝码质量与被称量物质的量相等。原理示意图，如图 2-1 被称

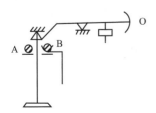
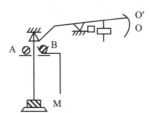
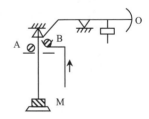

1. 砝码在悬挂系统上横梁平衡在 O　2. 被称物加在悬挂系统上横梁平衡在 O′　3. 减掉砝码 B 后横梁又平衡在 O

图 2-1　被称物 M=减掉砝码 B

物与砝码间的关系所示：

三、单盘天平的结构

单盘分析天平（DT-100A）的结构见图2-2、图2-3、图2-4、图2-5。

图2-2　单盘分析天平正面视图

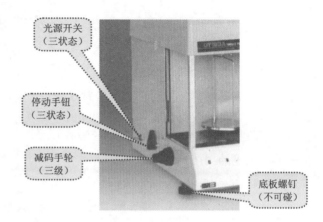

图2-3　单盘天平左侧工作钮

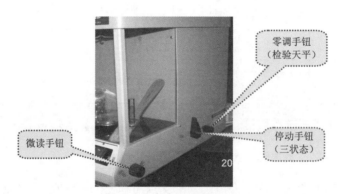

图2-4　单盘天平右侧工作钮

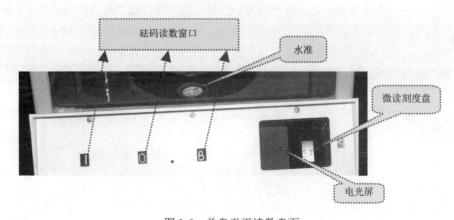

图2-5　单盘天平读数盘面

四、单盘分析天平使用说明

1. 结构特点

具有"半开"机构及去皮校正片

（1）停动机构的特点是具有"半开"机构。

停动手钮背向操作者方向转动30°，注意操作时不可用力过大，以免破坏半开位置。此时的起升轴下降一小段距离，使横梁支点刀与支点刀承接触，这时横梁可在一个很小范围内摆，称为"半开"

在"半开"状态下，横梁大约可摆10～15个分度。这时转动减码手轮进行减码操作，通过横梁的摇摆方向可以很快判断合适的减码数字，缩短了减码操作时间，不必关天平去减码，反复操作，省掉几次关两面三刀平的时间，提高了称量效率。由于横梁只能在一个很小的范围内摆动，不会由于减码操作时的冲击、振荡而损坏横梁的支点刀和承重刀。但毕竟刀子、刀承是接触的，所以在减码操作，尤其是转动大手轮时，应做到缓慢、均匀。

（2）悬挂系统的上方装有校正片，每片重约1克。其原理是应用替代法，以器皿的重量替代校正片重量。当称量的物体是液体或其它需要装在器皿中称量时，可先将容器称重，如果重约8g，可相应减掉一定量的校正片8片，基本上等于容器重量。然后重调天平零点，达到初始指示：标尺刻线"00"偏离投影屏夹线在1分度以内。

当保证在称量前，各数字窗口：减码数字窗口、佩读数字窗口应在"0"位，一切称量样品前的准备工作（后续）做好后，直接称量所得到的质量，即容器内被称物的质量。

注：此种去皮只限于质量较小的容器，并且该容器已作为大量称重的专用工具时才考虑去皮。

2. 微读机构

微读部分的作用是当天平开启，横梁停称定，标尺投影刻线不在夹线正中时，通过微读机构调整，使离投影屏夹线较近的下一条刻线，上移到夹线正中，显示出标尺刻线不足一个分度部分所代表的质量值。转动微读手钮前读数。转动微读手钮后，将离夹线最近的标尺刻线移到投影屏正中，当转动微读手钮时，精密的阿基米德螺线微读轮通过杠杆机构可使微读反射镜旋转一定角度，投影屏上的标尺刻线相对投影屏向上移动。当微读轮准确转动10个刻度，即由0转到10时，标尺对于投影屏夹线准确移动了一个分度，标尺1分度相当于1mg，微读轮10个刻度也是1mg，则微读轮1个刻度间隔就表示0.1mg。精密的微读机构是单盘天平不同于双盘天平的又一结构。

（控制手钮的使用说明）

操作各个控制手钮应均匀缓慢。

（1）电源转换开关："上"接通微动开关，天平处于使用状态。"中"电源不接通。"下"灯源常亮，用于天平维修。

注意：天平使用完毕应拔下电源插头。

（2）停动手钮

停动手钮的作用是控制天平的开启与关闭。当手钮的"尖端"向上，天平正处于关闭状态。此时才允许在称盘上取、放试样，并允许操作减码手轮进行减码。

当停动手钮的"尖端"向前旋转90°，即"尖端"指向操作者时，天平处于开启状态，也称为全开天平。当停动手钮的"尖端"向后旋转30°，即背离操作者30°时，天平处于"半开"状态，此时可以预称试样的质量，并可以操作减码手轮。

3. 减码手轮

旋转减码手轮减去相当于试样质量的砝码，从而进行计量。向前旋转手轮，读数窗口顺序出现 0、1、2、……9 数字。

大手轮控制减去 10～90g 砝码；中手轮控制减去 1～9g 砝码；小手轮控制减去 0.1～0.9 克砝码。

注意：天平停动手钮处于全开位置时，不允许操作减码手轮。

4. 微读手钮

是用来读出不足一个分度所表示的质量值。通过旋转微读手钮使标尺刻线最近的下一条刻线上移到投影屏夹线中央。

5. 零调手钮

是用来微调标尺投影零线到投影屏夹线的中央位置，其调整范围为± 3 mg。

注意零调手钮只 限于称是量前调零。在称样读数过程中不允许再动零调手钮，否则会破坏读数精度。天平的调零就是指上述过程。

6. 称量前准备

（1）检查三眼插头是否接上交流电源。

（2）检查电源开关位于搬把向"上"。

（3）检查天平水平

观察圆形水准器内的气泡是否位于圆圈的中心，否则调底板下前方的两个调整脚，直到底板水平（水准器内的气泡位于圆圈的中心）。

（4）检查各数字窗口都显示"0"位，如不为"0"，转动减码三组手轮使读数面板上三个数字窗口显示"0"位；并转动微读手针使微读轮上"0"刻线对准投影屏指标线。

（5）开启天平校正天平零点

可旋转调零手钮，使标尺上"00"刻线位于投影屏夹线正中。

（6）放置被称量物质

关闭天平可以放置被称试样，被称物应放在称盘中间。

如果被称物放在密闭的试管内，称量时应放在称盘的 V 形槽内，以保证相互位置。

五、单盘分析天平未知试样称量步骤：

按下列方法操作及读取数字：

1. 当天平处于关闭状态下，轻缓拉开天平侧面，放置被称物于称盘中心，关上侧面。

2. 将停动手钮转到"半开"位置。

举例如下：

3. 首先转到 10～90g 大减码手轮，当转到 50g 时，即读数面板第一个数字窗口显示"5"。观察投影屏标尺往上移动，说明试样质量小于 50g，而大于 40g，判断介于 40～50 之间。反转减码手轮到"40"g 位置。则第一个数字窗口显示"4"。

4. 再转动 1～9g 减码手轮，当转到 9g 时，标尺往上移动，说明试样重量小于 9g，反转中手轮到"8"g 位置。第二个数字窗口显示"8"。

5. 最后转动 0.1～0.9g 减码小手轮，当转到 0.5g 时，观察标尺廖线往上移动，此时反转小手轮到 0.4g 位置。第三个数字窗口显示"4"。

6. 精称

（1）待称盘停稳后全开天平。

为保证读数准确，在全开天平时，可将停动手钮反复开关两次，使天平处在重复性好的开启状态下读取数据。

（2）旋转微读手钮使投影屏夹线中央最近的一条刻线移到投影屏夹线的中央。

（3）估读投影屏上固定基线指示在微读轮的对应值，得到数值是：48.42315g

（4）转到停动手钮到关闭位置。

（5）打开侧门以出被称物，关上侧门

（6）将减码数字窗口、微读数字窗口全部回复"0"位。

六、单盘分析天平已知试样质量的称量步骤：

对于已知物体质量值，如何准确称到物体。例如：要想得到被称量物质的量：23.84235g 具体操作：

首先将停动手钮处于"关闭"位置。

1. 转到三组减码手轮：转动后第一个数字窗口显示"2"，第二个数字窗口显示"3"，第三个数字窗口显示"8"。

2. 轻缓打开天平侧门，放置被称物于称盘上，关闭侧门。

3. 转动停动手钮到"半开"位置，观察投影屏的摆动方向。，

（1）全开天平，观察标尺刻线与投影屏夹线中央对准使其数字显示应介于 42 与 43 之间。

（2）转动微读手轮使投影屏指标线对应微读手轮数字，即指示 3 与 4 之间短线（此时，标尺刻线 42 应与投影屏夹线中央对正）。

上述称量过程中的①和②步可反复操作，使其最终称量值是：3.84235g

4. 转动停动手钮，关闭天平。

5. 取出被称物。

6. 将各数字窗口回复"0"位。

七、电子天平介绍

电子天平的精度有相对精度分度值与绝对精度分度值之分，而绝对精度分度值达到 0.1mg 的就称为万分之一天平。

1. 原理

万分之一天平，用于称量物体质量。 万分之一天平一般采用应变式传感器、电容式传感器、电磁平衡式传感器，应变式传感器，结构简单、造价低，但精度有限，目前不能做到很高精度；电容式传感器称量速度快，性价比较高，但也不能达到很高精度；采用电磁平衡传感器的电子天平。其特点是称量准确可靠、显示快速清晰并且具有自动检测系统、简便的自动校准装置以及超载保护等装置。

2. 天平结构

万分之一电子天平（AL204）结构见图 2-6、一般电子天平结构见图 2-7、图 2-8

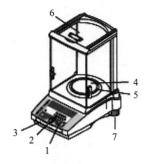

图 2-6 AL204 天平结构图

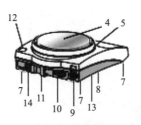

图 2-7 电子天平结构图

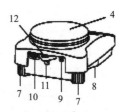

图 2-8 电子天平结构图

图中：

1 操作键

2 显示屏

3 具有以下参数的型号标牌：

"Max"：最大称量值

"d"：可读性，即实际分度值

"Min"：最小称量

"e"：检定分度值

4 秤盘

5 防风圈（部分型号的天平配置）

6 防风罩（对可读性为 0.1mg 和 1mg 的天平为标准配置）

7 水平调节脚（部分型号的天平配置）

8 用于下挂称量的秤钩（在天平底部）

9 交流电源适配器插座

10 RS232C 接口（对于 PL-S 天平系列是选配件）

11 防盗锁连接环（选配件）

12 水平泡（部分型号的天平配置）

13 电池盒（只有 PL-S 天平系列配备，其中不包括 PL203-S）

14 PL-S 第二显示屏选件接口（只适用于 PL-S 天平系列）

L/L-S 系列的所有天平具有相同的操作键盒显示屏。

3. 电子天平使用

（1）称量前的检查：

取下天平罩，折叠好放在天平箱上面。逐项检查：

① 称量物的温度与天平箱内温度是否相等，称量物的外部是否清洁和干燥。

② 天平箱内、秤盘上是否清洁。如有灰尘，用毛刷刷净。

③ 电子天平位置是否水平。

④ 天平各部件是否都处在应有位置，特别要注意吊耳和圈码。

⑤ 测定或调节电子天平的零点。

（2）天平称量操作

① 调水平：天平开机前，应观察天平后部水平仪内的水泡是否位于圆环的中央，否则通

过天平的地脚螺栓调节，左旋升高，右旋下降。

② 预热：天平在初次接通电源或长时间断电后开机时，至少需要 30 分钟的预热时间。因此，实验室电子天平在通常情况下，不要经常切断电源。

③ 称量：按下 ON/OFF 键，接通显示器；

等待仪器自检。当显示器显示零时，自检过程结束，天平可进行称量；

放置称量纸，按显示屏两侧的 Tare 键去皮，待显示器显示零时，在称量纸加所要称量的试剂称量。

称量完毕，按 ON/OFF 键，关断显示器。

4. 天平使用注意事项

（1）动作要缓而轻：升降旋枢缓慢打开且开至最大位置，慢慢转动圈码，防止圈码脱落或错位。

（2）称量物不能直接放在称量盘内，根据称量物的不同性质，可放在纸片、表面皿或称量瓶内。不能称超过天平最大栽重量的物体。

（3）同一称量过程中不能更换天平，以免产生相对误差

第二节　滴定分析仪器和基本操作

滴定分析中常用的玻璃量器主要有滴定管、移液管和容量瓶等，若想获得准确的分析结果，必须正确地选择和使用量器，准确地测量溶液的体积。下面介绍滴定分析常用的量器及使用方法。

一、滴定管

滴定管是滴定分析中最基本的量器。一般可分为酸式滴定管和碱式滴定管两种，其差别在于滴定管的下部。下端为尖嘴管，且通过玻璃旋塞连接并控制滴定速度的滴定管称为酸式滴定管（简称酸管），用于装酸性溶液或氧化性溶液，但不适于装碱性溶液，因碱性溶液会腐蚀玻璃旋塞和旋塞套。下端尖嘴管乳胶管与管体连接，且乳胶管内装有一个玻璃珠用以控制滴定速度的滴定管称为碱式滴定管（简称碱管），用于装碱性溶液，不能装易于橡皮反应的酸性溶液及氧化性溶液，否则会改变溶液的浓度等。如图 2-9 滴定管

常量分析用的滴定管有 50mL 及 25mL 等几种规格，它们的最小分度值为 0.1mL，读数可估到 0.01mL。此外，还有容积为 10mL，5mL，2mL，和 1mL 的半微量和微量滴定管，最小分度值为 0.05mL，0.01mL 或 0.005mL。它们的形状各异。

现在许多实验室常使用的滴定管为酸碱两用滴定管（滴定管形状与酸式滴定管相同，不同处只是制作旋塞的材料为聚四氟乙烯）。

滴定管的使用包括：洗涤、检漏、排气泡、读数等步骤。

1. 查漏处理　滴定管在使用前需验漏，酸式滴定管使用前必须检查旋塞转动是否灵活、密封。如不合要求，则需取下旋塞，用滤纸擦干旋塞和旋塞槽，然后用手指或玻璃棒蘸少量

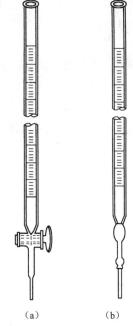

（a）　　　（b）

图 2-9　滴定管

a—酸式滴定管；b—碱式滴定管

凡士林在旋塞两头（离开旋塞孔两边，避免堵塞旋塞孔）薄薄的涂一层，把旋塞插入旋塞槽内，同一方向（顺时针或逆时针）转动旋塞，使凡士林涂抹均匀，呈透明状，固定好，并检查旋塞是否漏水。如图 2-10 酸式滴定管旋塞涂油

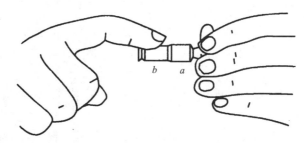

图 2-10　旋塞涂油

2. **洗涤**　干净的滴定管如无明显油污，可直接用自来水冲洗或用滴定管刷蘸肥皂水或洗涤剂刷洗（但不能用去污粉），而后再用自来水冲洗。刷洗时应注意勿用刷头漏出的铁丝的毛刷以免划伤内壁。如有明显油污，则需用洗液①浸洗。洗涤时向管内倒入 10mL 左右 H_2CrO_4 洗液，再将滴定管逐渐向管口倾斜，并不断旋转，使管壁与洗液充分接触，管口对着废液缸，以防洗液撒出。若油污较重，可装满洗液浸泡，浸泡时间的长短视沾污的程度而定。洗毕，洗液应倒回洗液瓶中，洗涤后应用大量自来水淋洗，并不断转动滴定管，至流出的水无色，再用去离子水润洗三遍，洗净后的管内壁应均匀地润上薄薄的一层水而不挂水珠。

3. **装液与赶气泡**　洗净后的滴定管在装液前，应先用待装溶液润洗内壁三次，用量依次为 10mL，5mL，5mL 左右。

装入操作溶液的滴定管，应检查出口下端是否有气泡，如有应及时排除，否则会引起体积测量误差。其方法是：酸式滴定管（包括现在使用的两用滴定管）取下滴定管倾斜成约 30° 角，用手迅速打开活塞（反复多次），使溶液冲出并带走气泡。如果是很难排除的气泡，可将活塞打开，用吸耳球挤压或用手轻弹滴定管管口。碱式滴定管则将橡皮管向上弯曲，并用力捏挤玻璃珠所在处，使溶液从尖嘴处喷出，即可排出气泡，如图 2-11 碱式滴定管排气泡的方法。

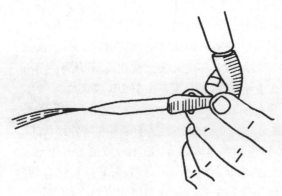

图 2-11　碱式管排气泡的方法

① 铬酸洗液（$K_2Cr_2O_7$-浓 H_2SO_4 溶液）的配制：称取 10g 工业用 $K_2Cr_2O_7$ 固体于烧杯中，加入 20mL 水，加热溶解后，冷却，在搅拌下慢慢加入 200mL 浓 H_2SO_4，溶液呈暗红色，贮存于玻璃瓶中备用。因浓硫酸易吸水，应用磨口玻璃塞子塞好。由于铬酸洗液是一种酸性很强的强氧化剂，腐蚀性很强，易烫伤皮肤，烧坏衣物，且铬有毒，所以使用时要注意安全和环境保护。

将排除气泡后的滴定管补加操作溶液到零刻度以上，然后再调整至零刻度线位置。

　　读数　读数前，滴定管应垂直静置 1min。读数时，管内壁应无液珠，管出口的尖嘴外应不挂液珠，否则读数不准。读书的方法是：取下滴定管用右手大拇指和食指捏住滴定管上部无刻度处，使滴定管保持垂直，并使自己的视线与所读的液面处于同一水平上（如图 2-12 所示）。滴定管读数一般读取弯月面最低点所对应的刻度。对深色溶液，则一律按液面两侧最高点相切处读取。

　　4. 滴定　读取初读数之后，立即将滴定管下端插入锥形瓶口内约 1cm 处，再进行滴定。操作时要求左手拇指与食指跨握滴定管的活塞处，与中指一起控制活塞的转到，左手拿住锥形瓶颈，单方向旋转使溶液圆周运转（如图 2-13 所示）。

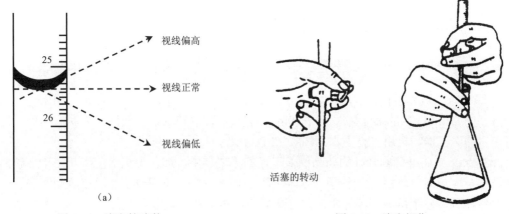

图 2-12　滴定管读数　　　　　　　　图 2-13　滴定操作

　　5. 滴定速度　滴定时速度的控制一般是：开始时 $10mL \cdot min^{-1}$（尽可能快，但液滴不能连成线）左右；接近终点时，每加一滴摇匀一次；最后，每加半滴摇匀一次（加半滴操作是使溶液悬而不滴，让其沿器壁流入容器，再用少量去离子水冲洗内壁，并摇匀）。仔细观察溶液的颜色变化，直至滴定终点为止。读取终读数，立即记录。注意，在滴定过程中左手不应离开滴定管，以防流速失控。

　　6. 平行实验　平行滴定时，应该每次都将初刻度调整到"0"刻度或其附近，这样可减少滴定管刻度的系统误差。

　　7. 最后整理　滴定完毕，应放出管中剩余的溶液，洗净，装满去离子水备用。

二、容量瓶及其使用

　　在配制标准溶液或将溶液稀释至一定浓度时，我们往往要使用容量瓶。容量瓶的外形是一平底、细颈的梨形瓶，瓶口带有磨口玻璃塞或塑料塞。颈上有环形标线，瓶体标有体积，一般表示 20℃时液体充满至刻度时的容积。常见的有 10、25、50、100、150、250、500 和 1000mL 等各种规格。此外还有 1、2、5mL 的小容量瓶，但用得较少。

　　容量瓶的使用主要包括如下几个方面：

　　1. 检查　使用容量瓶前应先检查其标线是否离瓶口太近，如果太近则不利于溶液的混合，故不宜使用。另外还必须检查瓶塞是否漏水。检查时加自来水近刻度，盖好瓶塞，用左手食指按住，同时用左手五指托住瓶底边缘（如图 2-14 所示），将瓶倒立 2min，若仍无水渗出即可使用。

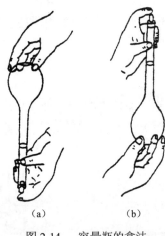

　　　（a）　　　　　（b）

图 2-14　容量瓶的拿法

图 2-15　定量转移操作

　　2. 洗涤　可先用自来水刷洗，洗后，如内壁有油污，则应倒尽残留水，加入适量的铬酸洗液（如 250mL 容量瓶可倒入 10～20mL 洗液），倾斜转动，使洗液充分润洗内壁，然后用自来水冲洗干净，再用去离子水润洗 2～3 次备用。

　　3. 配制　将准确称量好的药品倒入干净的小烧杯中，加入少量溶剂将其完全溶解后再定量转移至容量瓶中。注意，如使用非水溶剂则小烧杯及容量瓶都应事先用该溶剂润洗 2～3 次。定量转移时，左手持玻璃棒悬空放入容量瓶内，玻璃棒下端靠在瓶颈内壁（但不能与瓶口接触），左手拿烧杯，烧杯嘴紧靠玻璃棒，使溶液沿玻璃棒流入瓶内沿壁而下（如图 2-15 所示）烧杯中溶液流完后，将烧杯嘴沿玻璃棒上提，同时使烧杯直立。将玻璃棒取出放入烧杯内，用少量溶剂冲洗玻璃棒和烧杯内壁，也同样转移到容量瓶中。如此重复三次以上。补充溶剂至 3/4 体积左右，初步摇匀。再继续加至近刻度，最后改用滴管逐滴加入，直到溶液的弯月面恰好与标线相切。倒转使溶液混匀即可。

　　4. 稀释　用移液管移取一定体积的浓溶液于容量瓶中，加水至标线。同上法混匀即可。

　　5. 注意事项　容量瓶不宜长期储存试剂配好的溶液如需长期保存应转入试剂瓶中。转移前须用该溶液将洗净的试剂瓶润洗三遍。用过的容量瓶，应立即用水洗净备用，如长期不用，应将磨口和瓶塞擦干，用纸片将其隔开。此外，容量瓶不能在电炉、烘箱中加热烘烤，如确需干燥，可将洗净的容量瓶用乙醇等有机溶剂润洗后晾干，也可用电吹风或烘干机的冷风吹干。

三、移液管及其使用

　　移液管是用来准确移取一定体积溶液的量器，准确度与滴定管相当。移液管有两种，一种中部具有"胖肚"上标有指定温度下的容积。常见的规格为 5、10、25、50、100mL 等。另一种标有分刻度的直型玻璃管，通常又称吸量管或刻度管，在管的上端标有指定温度下的总体积。吸量管的容积有 1、2、5、10mL 等，可用来吸取不同体积的溶液，一般只量取小体积的溶液，其准确度比"胖肚"移液管稍差。吸量管有单标线和双标线之分，单标线为溶液全流出式，双标线的吸量管分刻度不刻到管尖，属溶液不完全流出式。

　　1. 洗涤　移液管使用前也要进行洗涤，先选择适当规格的移液管刷用自来水清洗，若有油污可用洗液洗涤。方法是吸入 1/3 容积洗液，平放并转动移液管，用洗液润洗内壁，吸取完毕将洗液放回原瓶，稍候，用自来水冲洗，再用去离子水清洗 2～3 次备用。

2. 润洗　洗净的移液管，移取溶液前必须用吸水纸吸净尖端内、外残留水。然后用待取液润洗 2～3 次，以防改变溶液的浓度。洗涤时，当溶液吸至"胖肚"约 1/4 处，即可封口取出。应注意务使溶液回流，以免稀释溶液。润洗后 将溶液从下端放出。

3. 移液（如图 2-16）将润洗好的移液管插入待取溶液的液面下约 1～2cm 处（不能太浅以免吸空，也不能插至容器底部以免吸起沉渣），右手的拇指与中指拿住移液管标线以上部分，左手拿吸耳球，排出吸耳球内空气，将吸耳球尖端插入移液管上端，并封紧管口，逐步松开吸耳球以吸取溶液，当液面升至标线以上时，拿掉吸耳球，立即用食指堵住管口，将移液管提出液面，倾斜容器，将管尖紧贴容器内壁成约 45°角，稍待片刻，以除去管外壁的溶液，然后微微松动食指，并用拇指和中指慢慢转动移液管，使液面缓慢下降，直到溶液的弯月面与标线相切。此时，应立即用食指按紧管口，使液体不再流出。将接受容器倾斜 45°角，小心把移液管移入接受溶液的容器，使移液管的下端与容器内壁上方接触松开食指，让溶液自由流下，当溶液流尽后再停 15s，并将移液管向左右转动一下，取出移液管。注意，除标有"吹"字样的移液管外，不要把残留在移液管尖内部的液体吹出，因为在校准移液管容积时，没有算上这部分液体。

具有双标线的移液管放液体时，应注意下标线。

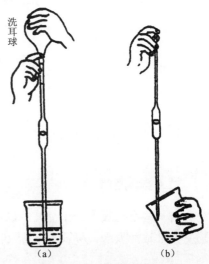

图 2-16　移液管的使用

第三章　定量化学分析的基本操作练习

实验一　天平称量练习

一、目的要求

1. 掌握分析天平的构造、原理和使用方法。
2. 掌握差减称量法的操作及注意事项。

二、实验原理

对一些不易吸水、在空气中稳定、无腐蚀性的物品，可采用直接称量法称量。对待称量物质如果是易吸水、易氧化、易吸收 CO_2 等物质时，应使用差减称量法称量。

三、实验用品

1. 仪器：单盘电光天平或电子天平　　称量瓶　　坩埚
2. 药品：NaCl

四、操作步骤

1. 直接称量法
称量坩埚

分析天平称量练习一

项目 \ 称量数据 \ 称量次数	I	II	III
坩埚重（A）/g			
坩埚盖重（B）/g			
坩埚+坩埚盖（C）/g			
C-（A+B）/g			

2. 差减称量法

称量准备好的坩埚质量 m_0。将已装入试样的称量瓶轻轻入天平的秤盘上。准确称量其质量 m_1，记下读数，读数应准确至 0.00005g（或 0.00002g），然后，减去 0.5g 砝码，将称量瓶从天平中取出，在已称量过的坩埚口上方取下瓶盖，轻轻弹击称量瓶口，使瓶体立正（注意：切勿让试样撒出容器之外），盖好称量瓶盖，重新称量。若砝码太轻，表示倾出试样不足 0.5g，应继续小心倾出，反复操作至倾出量接近 0.5g 时为止。准确称量其质量 m_2,记录数据。则倾出试样质量 m=（m_1-m_2），称量已倾入样品的坩埚重 m_3，计算倾入样品重 m',检验称量结果。

五、数据处理

分析天平使用练习二

称量内容	称量结果		
	I	II	III
坩埚重（m_0）/g			
称量瓶及样品重（m_1）/g			
倾出部分样品后称量瓶重（m_2）/g			
倾出样品重（m=m_1-m_2）/g			
倾入样品后的坩埚（m_3）/g			
倾入的样品重（m'=m_3-m_0）/g			
检验称量结果（d=m-m'）/g			

六、思考题

1. 本次实验用的天平可读到小数点后几位（以 g 为单位）？是否要求估读？
2. 本次实验误差的主要来源？

实验二　滴定分析基本操作练习

实验前，先预习本教材有关的内容或观看滴定分析基本操作录像。主要内容为：滴定管的使用与滴定分析基本操作；容量瓶和移液管（吸量管）的使用。

一、实验目的

1. 学习、掌握滴定分析常用仪器的洗涤和正确使用方法。
2. 通过练习滴定操作，初步掌握甲基橙、酚酞指示剂终点的确定。

二、实验原理

0.1mol·L^{-1}HCl 溶液（强酸）和 0.1mol·L^{-1}NaOH（强碱）相互滴定时，化学计量点时的 pH 为 7.0，滴定的 pH 突跃范围为 4.3～9.7，选用在突跃范围内变色的指示剂，可保证测定有足够的准确度。甲基橙（简写为 MO）的 pH 变色区域是 3.1（红）～4.4（黄），酚酞（简写为 pp）的 pH 变色区域是 8.0（无色）～9.6（红）。在指示剂不变的情况下，一定浓度的 HCl 溶液和 NaOH 溶液相互滴定时，所消耗的体积之比值 V_{HCl}/V_{NaOH} 应是一定的，改变被滴定溶液的体积，此体积之比应基本不变。借此，可以检验滴定操作技术和判断终点的能力。

三、主要试剂和仪器

1. HCl 溶液（分析纯）。

2. 固体 NaOH（分析纯）。

3. 甲基橙溶液　$1g\cdot L^{-1}$。

4. 酚酞溶液　$2g\cdot L^{-1}$ 乙醇溶液。

5. 百里酚蓝－甲酚红混合指示剂。

四、实验步骤

1. 溶液配制

（1）$0.1mol\cdot L^{-1}$ HCl 溶液　用洁净量杯（或量筒）量取约_____mL HCl（浓）溶液，倒入装有少量水的 1L 试剂瓶中，再加水稀至 1L，盖上玻璃塞，摇匀。

（2）$0.1mol\cdot L^{-1}$ NaOH 溶液　称取固体 NaOH_____g，（如何算得的？）置于 250mL 烧杯中，马上加入去离子水使之溶解，稍冷却后转入试剂瓶中①，加水稀释至 1L，用橡皮塞塞好瓶口，充分摇匀②。

2. 酸碱溶液的相互滴定

（1）用 $0.1mol\cdot L^{-1}$ NaOH 溶液润洗滴定管 2～3 次，每次用 5～10mL 溶液润洗。然后将滴定剂倒入滴定管中，滴定管液面调节至 0.00 刻度。

（2）用 $0.1mol\cdot L^{-1}$ 盐酸溶液润洗另一只滴定管 2～3 次，每次用 5～10mL 溶液，然后将盐酸溶液倒入滴定管中，调节液面到 0.00 刻度。

（3）在 250mL 锥形瓶中加入约 20mL NaOH 溶液，2 滴甲基橙指示剂，用滴定管中的 HCl 溶液进行滴定操作练习。务必熟练掌握操作。

练习过程中，可以不断补充 NaOH 和 HCl 溶液，反复进行，直至操作熟练后，再进行（4）、（5）、（6）的实验步骤。

（4）由滴定管中放出 NaOH 溶液 20～25mL 于锥形瓶中，放出时以每分钟约 10mL 的速度，即每秒滴入 3～4 滴溶液，加入 1 滴甲基橙指示剂，用 $0.1mol\cdot L^{-1}$ HCl 溶液滴定至黄色转变为橙色③。记下读数。平行滴定三份。数据按下列表格记录。计算体积比 V_{HCl}/V_{naOH}，要求相对偏差在± 0.3%以内。

（5）用移液管吸取 25.00mL $0.1mol\cdot L^{-1}$ HCl 溶液于 250mL 锥形瓶中，加 2～3 滴酚酞指示剂，用 $0.1mol\cdot L^{-1}$ NaOH 溶液滴定溶液呈微红色，此红色保持 30$_S$ 不褪色即为终点。如此平行测定三份，要求三次之间所消耗 NaOH 溶液的体积的最大差值不超过±0.04mL。

（6）同（5）操作，改变指示剂，选用百里酚蓝—甲酚红混合指示剂。平行测定三份，所消耗 NaOH 溶液的体积，三次之间的最大差值要求≤±0.04mL。

3. 滴定记录表格

————————————————

① 这种配制方法对于初学者较为方便，但不严格。因为市售的 NaOH 常因吸收 CO_2 而混有少量 Na_2CO_3，以致在分析结果中导致误差。如要求严格，必须设法除 CO_3^{2-} 离子。（为了除去 NaOH 吸收 CO_2 形成的 Na_2CO_3，称取 5－6g 固体 NaOH，置于 250mL 烧杯中，用煮沸并冷却后去离子水 5—10mL 迅速洗涤 2－3 次，以除去 NaOH 表面上少量的 Na_2CO_3。余下的固体 NaCO，用水溶解后加水稀释至 1L。）

② NaOH 溶液腐蚀玻璃，不能使用玻璃塞，否则长久放置，瓶子打不开，且浪费试剂。一定要使用橡皮塞。长期久置的 NaOH 标准溶液，应装入广口瓶中，瓶塞上部装有一碱石灰装置，以防止吸收 CO_2 和水分。

③ 如果甲基橙由黄色转变为橙色终点不好观察，可用三个锥形瓶比较：一锥形瓶中放入 50mL 水，滴入甲基橙 1 滴，呈现黄色；另一锥形瓶中加入 50mL 水，滴入甲基橙 1 滴，滴入 1/4 或 1/2 滴 $0.1mol\cdot L^{-1}$ HCl 溶液，则为橙色；另取一锥形瓶，其中加入 50mL 水，滴入 1 滴甲基橙，滴入 1 滴 $0.1mol\cdot L^{-1}$ NaOH，则呈现深黄色。比较后有助于确定橙色。

（1）HCl 溶液滴定 NaOH 溶液（指示剂：甲基橙）

记录项目　　　　　　　　　　　　滴定瓶号码	I	II	III
V_{NaOH}（mL）			
V_{HCl}（mL）			
V_{HCl}/V_{NaOH}			
平均值 V_{HCl}/V_{NaOH}			
偏差相对（%）			
平均相对偏差（%）			

（2）NaOH 溶液滴定 HCl 溶液（指示剂：酚酞）

记录项目　　　　　　　　　　　　滴定号码	I	II	III
V_{HCl}（mL）			
V_{NaOH}（mL）			
$\overline{V}_{NaOH}$（mL）			
n 次间 V_{NaOH} 最大绝对差值（mL）			

（3）NaOH 溶液滴定 HCl 溶液（指示剂：百里酚蓝-甲酚红混合指示剂）

记录项目　　　　　　　　　　　　滴定号码	I	II	III
V_{HCl}（mL）			
V_{NaOH}（mL）			
$\overline{V}_{NaOH}$（mL）			
n 次间 V_{NaOH} 最大绝对差值（mL）			

五、思考题

1. 配制 NaOH 溶液时，应选用何种天平称取 NaOH？为什么？

2. HCl 和 NaOH 溶液能直接配制准确浓度吗？为什么？

3. 在滴定分析实验中，滴定管、移液管为何需要用滴定剂和要移取的溶液润洗几次？滴定中使用的锥形瓶是否也要用滴定剂润洗？为什么？

4. HCl 溶液与 NaOH 溶液定量反应完全后，生成 NaCl 和水，为什么用 HCl 滴定 NaOH 时采用甲基橙作为指示剂，而用 NaOH 滴定 HCl 溶液时使用酚酞（或其它适当的指示剂）？

第四章　滴定分析实验

第一节　酸碱滴定法

实验三　NaOH 溶液的标定和比较滴定

一、目的要求

1. 巩固分析天平的使用，熟练掌握滴定操作。
2. 掌握碱溶液的标定和比较滴定方法。

二、实验原理

NaOH 标定：

NaOH 容易吸收空气中的水蒸气和 CO_2，盐酸容易挥发放出 HCl 气体。故它们都不能用直接法配制标准溶液，只能用间接法配制，然后用基准物标定其准确浓度。

NaOH 常用 $HKC_8H_4O_4$（邻苯二甲酸氢钾）标定，反应如下：

$$HKC_8H_4O_4 + NaOH === HKC_8H_4O_4 + H_2O$$

达到化学计量点时，溶液呈碱性（$KNaC_8H_4O_4$），pH 约为 9，可选用酚酞作指示剂。

由反应式知 $n(HKC_8H_4O_4) = n(NaOH)$，因此：

$$c(NaOH) \cdot V(NaOH) \times 10^{-3} = m(HKC_8H_4O_4) / M(HKC_8H_4O_4)$$

NaOH 和 HCl 比较滴定：$NaOH + HCl === NaCl + H_2O$

反应达到化学计量点时：$c(NaOH) \cdot V(NaOH) == c(HCl) \cdot V(HCl)$

$c(NaOH)$ 与 $c(HCl)$ 固定，因此 $c(NaOH)/c(HCl) == V(HCl)/V(NaOH)$ 理论上为一常数。

故在已知任何一种溶液浓度的基础上，可以通过测定其体积比求算另一种溶液的浓度。

三、仪器和试剂

（一）仪器
50mL 酸碱两用滴定管一支，250mL 锥形瓶三个，25mL 移液管一支；

（二）试剂
0.2%甲基橙水溶液；0.2%酚酞乙醇溶液；邻苯二甲酸氢钾（A.R）

四、实验内容

（一）0.1mol·L⁻¹NaOH 溶液的标定
准确称取邻苯二甲酸氢钾三份，每份重约_____g 左右，分别置于锥形瓶中，各加

30mL 煮沸后冷却的去离子水溶解，加入 1～2 滴酚酞指示剂，用配好的 NaOH 溶液滴至浅粉色并在半分钟内不褪色，即为终点。计算其浓度（也可采用定容法配制标准邻苯二甲酸氢钾溶液）。要求标定结果相对误差小于 0.2%。

（二）比较滴定

用 25.00mL 移液管移取 25.00mL NaOH 溶液于锥形瓶中，加入 1 滴甲基橙指示剂，用 HC1 溶液滴定至溶液由黄色变为橙色，即为终点，记录 HC1 溶液的体积，平行测定三次。求出各次滴定的 V_{HC1}/V_{NaOH}。

要求三次测定结果的相对误差小于 0.2%。

由已标定的 NaOH 的准确浓度及二者体积比的平均值，计算 HC1 的准确浓度。

五、数据处理

0.1mo1·L^{-1}NaOH 溶液的标定

指示剂：＿＿＿＿，终点颜色由＿＿＿＿色变为色

项目		实验数据		
		I	II	III
基准物	HKC$_8$H$_4$O$_4$ 和称量瓶重（g）			
	倾出后 HKC$_8$H$_4$O$_4$ 和称量瓶重（g）			
	HKC$_8$H$_4$O$_4$ 重（g）			
滴定量	NaOH 溶液终读数（mL）			
	NaOH 溶液初读数（mL）			
	NaOH 用量（mL）			
NaOH 溶液浓度 c（NaOH）				
溶液的平均浓度 $\bar{c}$（NaOH）				
绝对偏差				
绝对平均偏差				
相对平均偏差				

比较滴定（HC1 滴定 NaOH）

指示剂：＿＿＿＿＿，终点颜色由＿＿＿＿色变为色＿＿＿＿

项目	实验数据		
	I	II	III
滴定管初读数（mL）			
滴定管终读数（mL）			
HC1 用量（mL）			
NaOH 用量（mL）			
$V(HCl)/V(NaOH)$			
$\overline{V(HCl)}/V(NaoH)$			
C（HC1）（mo1·L^{-1}）			

六、思考题

1. 为什么 HCl 和 NaOH 标准溶液都不能用直接法配制？

2. 基准物称完后，需加水 30mL 溶解，水的体积是否要准确量取？为什么？

3. 如果 NaOH 标准溶液在保存过程中吸收了空气中的 CO_2，用该溶液滴定 HCl 时，以甲基橙为指示剂，对测量结果有何影响？若用酚酞为指示剂，情况如何？

4. 标定 NaOH 标准溶液的基准物质常用的有哪几种？本实验选用的基准物质是什么？与其它基准物质比较，它有什么显著的优点？

实验四　氨水的测定

一、目的要求

1. 掌握 $NH_3 \cdot H_2O$ 的测定原理及方法。

2. 了解返滴定法的操作原理。

二、实验原理

$NH_3 \cdot H_2O$ 是农用氮肥之一。它是一种弱碱，理论上可用强酸直接滴定。但由于 NH_3 易挥发，所以普遍使用返滴定的方式进行，即先取一定量的过量 HCl 标准溶液于锥形瓶中，再加入一定量的 $NH_3 \cdot H_2O$ 样品与 HCl 充分作用，剩余的 HCl 用 NaOH 标准溶液进行返滴定，其反应过程：

HCl（过量）＋NH_3＝NH_4Cl＋HCl（剩余）

HCl（剩余）＋NaOH＝NaCl＋H_2O

由于溶液中存在 NH_4Cl，NH_4^+ 是弱酸，其 pH 约为 5.3，可选甲基红为指示剂。结果以 p（NH_3）表示：

$$\rho(NH_3) = \frac{\left[c(HCl) \cdot V(HCl) - c(NaOH) \cdot V(NaOH) \right] \cdot M(NH_3)}{V(NH_3)} \times 稀释倍数$$

三、实验用品

（一）仪器

滴定管（50mL）　　　　　　锥形瓶（250mL）　　　　　　移液管（25mL）

（二）药品

HCl 标准溶液（已标定）　　　　NaOH 标准溶液（已标定）

$NH_3 \cdot H_2O$ 溶液 $0.15 mol \cdot L^{-1}$　　　　甲基红指示剂

四、操作步骤

从滴定管中慢慢放出 40.00mL HCl 标准溶液于 250mL 锥形瓶中，然后用移液管量取 25.00mL 稀释后的 $NH_3 \cdot H_2O$ 放入盛有 HCl 的锥形瓶中，加入 3 滴甲基红（溶液呈红色，若呈黄色说明 HCl 加入量不足，应适量补加）。然后用 NaOH 标准溶液滴定剩余的 HCl 溶液，直至溶液由红色刚变为橙色即为终点，记录所用 NaOH 的量，平行实验 2～3 次。计算 $NH_3 \cdot H_2O$ 中的 NH_3 含量的平均值及相对平均偏差和相对偏差。亦可用含 N 量表示：

$$\rho(N) = \rho(NH_3) \cdot \frac{M(N)}{M(NH_3)}$$

五、数据记录

实验次数	1	2	3
V（$NH_3 \cdot H_2O$）（mL）			
V（HCl）（mL）			
V（NaOH）（mL）			
$\rho(N)$（$g \cdot mL^{-1}$）			
$\overline{\rho(N)}$（$g \cdot mL^{-1}$）			

c（NaOH）=　　　　　　　　　　c（HCl）=

六、思考题

1. 本实验用 NaOH 标准溶液滴定过量的盐酸溶液，理论终点处体系是否呈中性？为什么？

2. 为何 NH_3 的测定不适宜用直接滴定法？

实验五　铵盐中氮含量的测定（甲醛法）

一、目的要求

1. 掌握甲醛法测定铵盐中氮含量的原理和方法。
2. 学习用酸碱滴定法间接测定氮肥中含氮量。
3. 学会除去试剂中的甲酸和试样中的游离酸的方法。

二、实验原理

（NH_4）$_2SO_4$ 为常用的氮肥之一。由于 NH_4^+ 的酸性太弱（$K_a^\theta = 5.6 \times 10^{-10}$），故无法用 NaOH 直接滴定。一般先将（$NH_4$）$_2SO_4$ 与 HCHO 反应，生成等物质的量的酸，反应生成的质子化六亚甲基四胺（$K_a^\theta = 7.1 \times 10^{-6}$ ）和 H^+ 可用 NaOH 标准溶液同时直接滴定，终点时溶液呈弱碱性，可用酚酞做指示剂。其反应式为：

$$4NH_4^+ + 6HCHO === (CH_2)_6N_4 + 4H^+ + 6H_2O$$

由反应式知，1mol NaOH 可间接地同 $1mol NH_4^+$ 完全反应。

由于溶液中存在的六亚甲基四胺是一种弱碱（$K_b^\theta = 1.4 \times 10^{-9}$），化学计量点时，溶液的 pH 值约为 8.7，故选用酚酞为指示剂。

铵盐与甲醛的反应在室温下进行较慢，加甲醛后，需放置几分钟，使反应完全。

甲醛中常含有少量甲酸，使用前必须先以酚酞为指示剂，用 NaOH 溶液中和，否则会使测定结果偏高。

有时铵盐中含有游离酸，应利用中和法除去，即以甲基红为指示剂，用 NaOH 标准溶液滴定铵盐溶液至橙色，记录 NaOH 溶液用量 V_1；另取等量铵盐溶液，加甲醛溶液和酚酞指示剂，用 NaOH 标准溶液滴定至浅粉色，在半分钟内不褪色，即为终点。记录 NaOH 溶液用量 V_2。两次滴定所耗 NaOH 溶液的体积之差（V_2-V_1），即为测定铵盐中氮含量所需 NaOH 溶液的体积 V。

若在一份试液中，用二种指示剂连续滴定，溶液颜色变化复杂，终点不易观察。

三、仪器和试剂

（一）仪器

50mL 酸碱两用滴定管一支；250mL 锥形瓶三个；100mL 烧杯一个；150mL 容量瓶一个；25mL 移液管一支。

（二）试剂

NaOH 标准溶液（0.1mol·L^{-1}）；（NH$_4$）$_2$SO$_4$ 固体；

18%HCHO：将 37%甲醛溶液用等体积的去离子水稀释后，加 2 滴酚酞指示剂，滴加 0.1mol·L^{-1}NaOH 标准溶液至溶液呈浅粉色；酚酞指示剂

四、操作步骤

1. 配制（NH$_4$）$_2$SO$_4$ 待测液

差减法准确称取 0.9～1.2g（NH$_4$）$_2$SO$_4$ 试样于烧杯中，加 30mL 去离子水溶解，定量转移至 150mL 容量瓶中定容，摇匀。

2. 中和游离酸

用移液管移取 25.00mL 试液于锥形瓶中，加 2 滴甲基红指示剂，如呈红色，表示有游离酸，需用 NaOH 标准溶液滴定到橙色，记下 NaOH 用量 V_1mL。

3. 测定

用移液管移取 25.00mL（NH$_4$）$_2$SO$_4$ 试液于锥形瓶中，加 5mL 18%中性 HCHO，放置 5min 后，加 1～2 滴酚酞指示剂，用 NaOH 标准溶液滴定至溶液呈浅粉色，即为终点。记录所消耗 NaOH 溶液的体积 V，平行测定三次。计算试样中 N 的质量百分数。（如果有游离酸，下式中的 $V(NaOH) = V - V_1$，否则为 V）

计算公式：

$$W(N\%) = \frac{c(NaoH) \cdot V(NaOH) \cdot M(N)}{m_s \times 25/150} \times 100\%$$

五、数据处理

（NH$_4$）$_2$SO$_4$ 含氮量的测定

1. 称量数据记录与处理

	倾出前（称量瓶＋试样）质量 m_1/g	倾出后（称量瓶＋试样）质量 m_2/g
称量记录		
试样质量 m_s/g	$m_s = m_1 - m_2 =$	

2. 滴定数据记录与处理

滴定次数	1	2	3
NaOH 终读数 /mL			
NaOH 初读数 /mL			
NaOH 消耗量 /mL			
NH_4^+ 的移取体积 /mL			
c（NaOH）/mol·L^{-1}			
w（N）/%			
$\overline{w(N)}$ /%			
$\overline{d}$ /%			

六、思考题

1.（NH$_4$）$_2$SO$_4$试样溶于水后，能否用 NaOH 标准溶液直接测定氮含量？为什么？

2. 用 NaOH 标准溶液中和（NH$_4$）$_2$SO$_4$样品中的游离酸时，能否选用酚酞指示剂？为什么？

实验六　不同强度酸碱之间的滴定

一、目的要求

1. 深入掌握酸碱滴定的有关理论。
2. 判断滴定能否进行？何谓分级滴定？
3. 学会正确选用酸碱指示剂。

二、实验原理

在酸碱滴定中，要解决的两个重要问题是：（1）待测定的酸（或碱）能否被准确滴定。（2）如何选择合适的指示剂。

强碱滴定不同强度的弱酸时，酸性越弱，则突跃范围越小，当弱酸的$c \cdot K_a^{\theta} < 10^{-8}$时，就不能准确滴定。这就是说，在实际滴定中指示剂没有颜色的突变，不能确定终点。

有些不能滴定的弱酸，可以用强化法来滴定。如用 0.1mol·L^{-1}NaOH 滴定硼酸（K_{a1}^{θ}=7.3×10^{-10}）时先将硼酸与多元醇，如甘油、甘露醇等配位，生产较强的酸，如硼酸—甘油配合酸，其离解常数约为 10^{-6}。多元醇与硼酸的反应式如下：

这些配合酸的离解常数比硼酸大 1000 倍以上，可以用 NaOH 滴定。

在多元酸（或碱）的滴定中，例如 H$_2$C$_2$O$_4$（K_{a1}^{θ}=5.6×10^{-2}，K_{a2}^{θ}=6.4×10^{-5}），由于K_{a1}^{θ}与K_{a2}^{θ}

的数值相差较小，在第一化学计量点时，指示剂颜色没有突变，但因 K_{a2}^{θ} 值较大，可以用 NaOH 溶液滴定，所以，用 NaOH 滴定 $H_2C_2O_4$ 时只有一个突跃，即直接滴至第二级离解的 H^+。

一般情况下，多元酸的 K_{a1}、K_{a2} 值大于 10^4 时，才能分级滴定。例如 H_3PO_4（$K_{a1}^{\theta}=7.5\times10^{-3}$，$K_{a2}^{\theta}=6.2\times10^{-8}$，$K_{a3}^{\theta}=2.2\times10^{-13}$）$K_{a1}^{\theta}/K_{a2}^{\theta}>10^4$，在第一化学计量点有突跃；$K_{a2}^{\theta}/K_{a3}^{\theta}>10^4$，在第二化学计量点也有突跃；而 $K_{a3}^{\theta}\leqslant10^{-7}$，不能被准确滴定，所以 H_3PO_4 有二个突跃，可以滴至第二级离解的 H^+。

用 NaOH 滴定两种离解常数相差较大的弱酸，如 HAc 和 H_3BO_3（浓度均为 $0.1mol\cdot L^{-1}$）的混合溶液时，由于 $\dfrac{K_a^{\theta}(HAc)}{K_{a1}^{\theta}(H_3BO_3)}>10^4$，因此，在 H_3BO_3 的存在下能够滴定 HAc，而 H_3BO_3 不会被滴定。由于溶液中有 H_3BO_3 的存在下能够滴定 HAc，与 NaOH 滴定纯 HAc 时不同。Hack 化学计量点的 pH 值可按下式计算：

$$pH=\lg\left(\sqrt{\frac{c(H_3BO_3)\times K_a^{\theta}(HAc)\times K_{a1}^{\theta}(H_3BO_3)}{c(HAc)}}\right)$$

三、仪器和试剂

（一）仪器
50mL 酸碱两用滴定管一支；250mL 锥形瓶三个；10mL 移液管四支； 10mL 量筒一个。

（二）试剂
（1）$0.1mol\cdot L^{-1}$NaOH 标准溶液

（2）$0.1mol\cdot L^{-1}$HAc 溶液

（3）$0.1mol\cdot L^{-1}$H$_3$BO$_3$ 溶液

（4）$0.1mol\cdot L^{-1}$H$_2$C$_2$O$_4$ 溶液

（5）$0.1mol\cdot L^{-1}$H$_3$PO$_4$ 溶液

（6）1:1 甘油水溶液

（7）0.2%酚酞乙醇溶液

（8）0.2%甲基橙水溶液

（9）0.2%甲基红乙醇溶液

（10）0.2%百里酚蓝乙醇溶液

（11）0.2%百里酚酞乙醇溶液

（12）0.1%中性红乙醇与 0.1%亚甲基蓝乙醇混合溶液（1：1）

四、实验内容

（一）强碱滴定不同强度的弱酸
1. NaOH 滴定 HAc

用移液管移取 10.00mL HAc 溶液，加水 10mL，再加入所选择的指示剂 1～2 滴，用 NaOH 标准溶液滴室至终点。平行测定三次，计算 HAc 溶液的浓度。

2. NaOH 直接滴定 H_3BO_3

用移液管移取 10.00mL H_3BO_3 溶液于锥形瓶中，加 10mL 水、10mL 1:1 甘油水溶液和 2

滴酚酞指示剂，用 NaOH 标准溶液滴定至溶液显微红色，继续加 5mL 1:1 甘油水溶液，如红色消失，再用 NaOH 溶液滴定至微红色。如此反复操作，直到加入甘油后，溶液微红色不再消失为止。通常加二次甘油即可。

比较前实验 2 与 3 中所产生的现象有何不同，为什么？

（二）分级滴定和分别滴定

1. NaOH 滴定 $H_2C_2O_4$

根据预习时拟定实验步骤做实验。通过实验说明 $H_2C_2O_4$ 能否分级滴定？滴定到哪一级？

2. NaOH 滴定 H_3PO_4

根据预习时拟定的实验步骤进行，通过实验说明 H_3PO_4 能否分级滴定？滴定到哪一级？

比较实验 1 和 2 中所生的现象有何不同？如果同浓度的 NaOH 滴定同浓度的 $H_2C_2O_4$ 和 H_3PO_4，所消耗的 NaOH 溶液体积是否相同？为什么？根据实验总结多元酸分级滴定的条件。

3. 用 NaOH 滴定 HAc 和 H_3BO_3 混合溶液中的 HAc

移取 10.00mL HAc 溶液和 10.00mL H_3BO_3 溶液于同一锥形瓶中，加入所选择的指示剂 1-2 滴，用 NaOH 标准溶液滴定到终点。记录所消耗的 NaOH 溶液的体积，并与本实验（一）中 1 比较，回答下列问题：①理论上二者消耗的 NaOH 体积是否相同？②滴定 HAc 和 H_3BO_3 混合溶液中的 HAc 时，消耗的 NaOH 溶液体积略多还是略少？为什么？③若二者都用酚酞为指示剂，结果如何？为什么？

五、数据处理

1. NaOH 滴定 Hac

c（NaOH）=

n	1	2	3
V（HAc）/mL			
V（NaOH）/mL			
c（HAc）/mol·L^{-1}			
$\bar{c}$（HAc）/mol·L^{-1}			

结论：

2. NaOH 滴定 H_3BO_3

c（NaOH）=

n	1	2	3	现象
V（H_3BO_3）/mL				
未加甘油 V（NaOH）/mL				
加甘油 V（NaOH）/mL				

结论：

3. NaOH 滴定 $H_2C_2O_4$

c（NaOH）=

n	1	2	3	现象
$V（H_2C_2O_4）/mL$				
$V（NaOH）/mL$ 甲基橙变色				
$V（NaOH）/mL$ 酚酞变色				

结论：

4. NaOH 滴定 H_3PO_4

$c（NaOH）=$

n	1	2	3	现象
$V（H_3PO_4）/mL$				
$V（NaOH）/mL$ 甲基红变色				
$V（NaOH）/mL$ 酚酞变色				

结论：

5. 用 NaOH 滴定 HAc 和 H_3BO_3 混合溶液中的 Hac

n	1	2	3
$V（HAc）/mL$			
$V（NaOH）/mL$			
$c（HAc）/mol·L^{-1}$			
$\bar{c}（HAc）/mol·L^{-1}$			

结论：

六、思考题

1. 用 $0.1mol·L^{-1}$NaOH 溶液滴定 $0.1mol·L^{-1}$HAc 和 $0.1mol·L^{-1}H_3BO_3$ 混合溶液中的 HAc，等量点的 pH 值为多少？应选用何种指示剂？

2. 用 $0.1mol·L^{-1}$NaOH 溶液滴定 $0.1mol·L^{-1}H_2C_2O_4$ 溶液时，分别回答以下问题：

① 能不能分级滴定？滴定到哪一级？

② 等量点的 pH 值是多少？

③ 选择何种指示剂？

④ 拟出滴定步骤。

实验七　非水滴定法测定α-氨基酸含量

一、实验目的

1. 掌握非水滴定法的基本原理及特点。

2. 了解非水滴定法的基本操作。

二、实验原理

α-氨基酸分子中含有-NH$_2$和-COOH，为两性物质，在水溶液中，它作为酸或碱离解的趋势均很弱（如氨基乙酸其羧基上的氢 K_a^θ=2.5×10^{-10}，氨基作为碱 K_b^θ=2.2×10^{-12}），无法准确滴定，但在非水介质（如冰乙酸）中，可以用 HClO$_4$ 作滴定剂，结晶紫为指示剂准确地被滴定，

$$\begin{array}{c} H \\ | \\ R-C-COOH \\ | \\ NH_2 \end{array} + HClO_4 \ \rightleftharpoons \ \begin{array}{c} H \\ | \\ R-C-COOH \\ | \\ NH_3^+ClO_4^- \end{array}$$

产物为α-氨基酸的高氯酸盐，呈酸性。

结晶紫在强酸介质中为绿色，pH=2 左右为蓝色，pH 大于 3.0 时为紫色，因而滴定时由紫色变为蓝（绿）色即为终点，或以电势滴定法确定滴定终点。

若试样在冰乙酸中难溶，可加入适量甲酸助溶，或加入已知量过量 HClO$_4$-冰乙酸溶液待试样溶解完全后，以 NaAc$^-$冰乙酸返滴定。

α-氨基酸亦可在二甲基甲酰胺等碱性溶剂中用甲醇钾或季胺碱（RNOH）等碱性标准溶液滴定羧酸中的 H$^+$，以百里酚蓝为指示剂由黄色滴定到蓝色为终点。

三、主要试剂和仪器

1. HClO$_4$-冰醋酸滴定剂 0.1mol·L^{-1} 在低于 25℃的 250mL 冰乙酸中慢慢加入 2mL w=70%～72%的高氯酸，混匀后再加入 4mL 乙酸酐[①]反应完全。
2. 邻苯二甲酸氢钾基准物质：在 105-110℃干燥 2h，在干燥器中用广口瓶保存备用.
3. 结晶紫：2g·L^{-1} 冰醋酸溶液
4. 冰醋酸
5. 乙酸酐
6. 甲酸
7. α-氨基本试样 可以选用氨基乙酸、丙氨酸、谷氨酸、甘氨酸等。

四、实验步骤

1. HClO$_4$-冰醋酸滴定剂的标定

准确称取 KHC$_8$H$_4$O$_4$ 基准物质 0.2g 左右于洁净、干燥的[②]锥形瓶中，加入 20～25mL 冰醋酸使其溶解完全，必要时可温热数分钟，冷却至室温，加入 1-2 滴结晶紫指示剂，用 HClO$_4$-冰醋酸滴定剂滴定到由紫色转变为蓝（绿）色为终点。取同量冰醋酸溶剂作空白试验，标定结果应扣除空白值。

2. α-氨基酸含量的测定

准确称取试样 0.1g 左右于 100mL 小烧杯中，加入 20mL 冰醋酸溶解，若试样溶解不完全，可加 1mL 甲酸助溶，加入 1mL 乙酸酐以除去试液中的水分，加入 1 滴结晶紫指示剂，以 HClO$_4$-冰醋酸溶液滴定，由紫色变为蓝（绿）色即为终点。计算 α-氨基酸的含量。

五、数据处理

1. HClO$_4$-冰醋酸滴定剂的标定

n	1	2	3
m（KHC$_8$H$_4$O$_4$）/g			
V（HClO$_4$-冰醋酸）/mL			
c（HClO$_4$-冰醋酸）/mol·L^{-1}			
$\bar{c}$ /mol·L^{-1}			

① 乙酸酐可与水反应形成乙酸，脱去试液中的水分。

② 非水滴定过程不能带入水，烧杯，量筒等容量均要干燥。

	1	2	3
m $_标$/g			
V（HClO$_4$-冰醋酸）/mL			

2. α-氨基酸含量的测定

	1	2	3
ω（α-氨基酸）%			
ϖ			

六、思考题

1. 在 HClO$_4$-冰醋酸滴定剂中为什么要加入乙酸酐？

2. 邻苯二甲酸氢钾常用于标定 NaOH 水溶液，为何在本实验中作为标定 HClO$_4$-冰醋酸的基准物质？

3. 冰醋酸对于 HClO$_4$，H$_2$SO$_4$，HCl 和 HNO$_3$ 四种酸是什么溶剂？水对于它们又是什么溶剂？

4. 氨基乙酸在水中以什么形态存在？

第二节　配位滴定法

实验八　水硬度测定

一、目的要求

1. 学习配位滴定法测定水的总硬度的原理和方法
2. 学习 EDTA 标准溶液的配制和标定方法
3. 熟悉金属指示剂变色原理及滴定终点的判断

二、实验原理

含有较多钙盐和镁盐的水，称为硬水。水的硬度以水中 Ca^{2+}、Mg^{2+}折合成 CaO 来计算，每升水中含 10mgCaO 为 1 度（1°）测定水的硬度就是测定水中 Ca^{2+}、Mg^{2+}的含量。

一般把小于 4°的水，称为很软的水，4°～8°称为软水，8°～16°称为中等硬水，16°～32°称为硬水，大于 32°称为很硬水。生活用水的总硬度一般不超过 25°。各种工业用水对硬度有不同的要求。水的硬 度是水质的一项重要指标，测定水的硬度有很重要的意义。

在 pH＞10 时，EDTA 主要以 Y^{4-} 形式存在，能够与金属配合生成较稳定的配合物。不同的金属离子与 EDTA 配位的能力有所差别。测定 Ca^{2+}、Mg^{2+} 总量时，用缓冲溶液调节溶液的 pH 为 10，以铬黑 T 为指示剂，化学计量点前 Ca^{2+}，Mg^{2+} 和铬黑 T 形成红色配合物，但配合物稳定性 $CaY^{2-}＞MgIn^-＞CaIn^-$，所以用 EDTA 标准溶液滴定至终点时，EDTA 将把铬黑 T 取代出来而使溶液呈蓝色。

用 EDTA 测定 Ca^{2+} 时，先用 NaOH 调节溶液的 pOH≈12，则 Mg^{2+} 生成 $Mg(OH)_2$ 沉淀，此时加入钙指示剂，则它与 Ca^{2+} 配位呈红色。当加入 EDTA 标准溶液时，EDTA 先与游离的 Ca^{2+} 形成配合物，然后夺取与指示剂配位的 Ca^{2+}，使指示剂游离出来。溶液由红色变成蓝色时表示已到终点。

水中 Al^{3+}、Fe^{3+} 等对测定有干扰作用，可加三乙醇胺或 NaF 掩蔽。

三、仪器与试剂

（一）仪器
50mL 酸碱两用滴定管；50.00mL 移液管；250mL 锥形瓶；量筒（10mL）；烧杯

（二）药品
① EDTA 二钠盐（$Na_2H_2Y·2H_2O$，A.R）。

② $NH_3·H_2O$-NH_4Cl 缓冲溶液（pH=10 称取 54 克 NH_4Cl 溶于 H_2O 中，加入 350mL$NH_3·H_2O$（$15mol·L^{-1}$））用去离子水稀释至 1L。

③ $6mol·L^{-1}$NaOH 溶液。

④ 0.5%铬黑 T 指示剂（铬黑 T 与 NaCl 按 1：100 混合）。

⑤ 1%钙指示剂。

⑥ $MgSO_4·7H_2O$（A.R.）

四、操作步骤

1. EDTA 标准溶液的配制与标定

（1）$0.01mol·L^{-1}$EDTA 标准溶液的配制

称取 0.9 克左右 EDTA 二钠盐于烧杯中，加去离子水溶解，配成 250mL EDTA 溶液，置于试剂瓶中，摇匀备用。

（2）EDTA 标准溶液的标定

① 准确称取 0.4 克左右 $MgSO_4·7H_2O$ 于烧杯中，溶解后，定容至 150mL，计算 $c_{Mg^{2+}}$.

$$c(Mg^{2+}) = \frac{m(Mg^{2+}) \times 1000}{M(MgSO_4 \cdot 7H_2O) \cdot V}$$

② 用移液管吸取 Mg^{2+} 标准溶液 25.00mL 于锥形瓶中，加 $NH_3·H_2O$-NH_4Cl 缓冲溶液 5mL，铬黑 T 指示剂约 30 毫克（约绿豆大小），用 EDTA 滴定至溶液由红色变为蓝色即为终点。做平行实验 2～3 次。根据 $V(Mg^{2+})$、$c_{(Mg^{2+})}$ 和 $V(EDTA)$，计算出 $c(EDTA)$。

$$c(EDTA) = \frac{c(Mg^{2+}) \cdot V(Mg^{2+})}{V(EDTA)}$$

2. Ca^{2+}、Mg^{2+}总量的测定

用移液管吸取水样 50.00mL 于锥形瓶中，加 $NH_3 \cdot H_2O$ - NH_4Cl 缓冲溶液 5mL，铬黑 T 指示剂约 30 毫克，用 EDTA 标准溶液滴定至溶液由红色变为蓝色即为终点，记下 EDTA 标准溶液用量 V_1。做平行实验 2~3 次。

3. Ca^{2+}含量的测定

用移液管吸取水样 50.00mL 于锥形瓶中，加 $6mol \cdot L^{-1}$ NaOH 2mL，调节溶液 pH>12，加入约 30mg 钙指示剂，用 EDTA 标准溶液滴至溶液由红色变为蓝色，此时即为终点，记录 EDTA 标准溶液用量 V_2。平行 3 次。

五、数据记录和结果计算

1. 标定 EDTA 标准溶液

m（$MgSO_4 \cdot 7H_2O$）= 　　　　　　　　 定容体积 V=

平行测定次数	1	2	3
移取体积 V（$MgSO_4 \cdot 7H_2O$）/mL			
V（EDTA） /mL			
c（EDTA）/mol·L^{-1}			
$\bar{c}(EDTA) / mol \cdot L^{-1}$			

2. 测定 Ca^{2+}、Mg^{2+}的总量

平行测定次数	1	2	3
移取水样体积 V（H_2O）/mL			
V（EDTA）/mL			
总硬度（CaO）/ mg·L^{-1}			
总硬度（CaO）/°			
总硬度的平均值/ mg·L^{-1}或°			

3. 测定 Ca^{2+}含量

平行测定次数	1	2	3
移取水样体积 V（H_2O）/mL			
V（EDTA）/mL			
钙硬度（CaO）/mg·L^{-1}			
钙硬度（CaO）/°			
镁硬度（CaO）/mg·L^{-1}或°			
钙硬度的平均值/ mg·L^{-1}或°			
镁硬度的平均值/ mg·L^{-1}或°			

水的总硬度用 CaO（mg·L^{-1}）或用度（°）来表示。

1 度（°）=10CaO（mg·L^{-1}）

计算公式：

$$总硬度（CaO·mg·L^{-1}）= \frac{c(EDTA) \cdot V(EDTA(1)) \cdot M(CaO)}{V(H_2O)} \times 1000$$

$$度（°）=总硬度（CaOmg·L^{-1}）/10$$

$$钙硬度（CaOmg·L^{-1}）= \frac{c(EDTA) \cdot V(EDTA(2)) \cdot M(CaO)}{V(H_2O)} \times 1000$$

$$镁硬度=总硬度-钙硬度$$

六、思考题

1. 用 EDTA 标准溶液测定水中钙、镁时，若水中的 Fe^{3+}、Al^{3+} 干扰测定，应如何排除？
2. 试设计用 EDTA 滴定法测定硫酸盐的滴定分析方案。

测定水的总硬度时，为何要控制溶液的 pH=10？

实验九　铝合金中铝含量的测定

一、实验目的

1. 了解返滴定的方法。
2. 掌握置换的滴定。
3. 接触复杂试样，以提高分析问题、解决问题的能力。
4. 动脑、动手设计实验方案。

二、实验原理

由于 Al^{3+} 易形成一系列多核羟基配合物，这些多核羟基配合物与 EDTA 配位缓慢，故通常采用返滴定法测定铝。于试样中加入定量且过量的 EDTA 标准溶液，在 pH≈3.5 煮沸几分钟，使 Al^{3+} 与 EDTA 配位完全，继续在 pH 为 5～6 的溶液中，以二甲酚橙为指示剂，用 Zn^{2+} 盐溶液返滴定过量的 EDTA，从而得到铝的含量。

但是，返滴定法测定铝，缺乏选择性，所有能与 EDTA 形成稳定配合物的离子都会产生干扰。对于像合金、硅酸盐、水泥和炉渣等复杂试样中铝，往往采用置换滴定法以提高选择性，即在用 Zn^{2+} 返滴定过量的 EDTA 后，加入过量的 NH_4F，加热至沸，使 AlY^{2-} 与 F^- 之间发生置换反应，释放出与 Al^{3+} 物质的量相等的 H_2Y^{2-}（EDTA）：

$$AlY^- + 6F^- + 2H^+ = AlF_6^{3-} + H_2Y^{2-}$$

再用 Zn^{2+} 盐标准溶液滴定释放出来的 EDTA，得到铝的含量。

用置换滴定法测定铝，若试样中含 Ti^{4+}、Zr^{4+}、Sn^{4+} 等离子时，亦会发生与 Al^{3+} 相同的置换反应而干扰 Al^{3+} 的测定。这时，就要采用掩蔽的方法，把上述干扰离子掩蔽掉，例如，用苦杏仁酸掩蔽 Ti^{4+} 等。

铝合金所含杂质主要有 Si, Mg, Cu, Mn, Fe, Zn, 个别还含 Ti, Ni, Ca 等，通常用 HNO$_3$-HCl

混合酸溶解，亦可在银坩埚或塑料烧杯中以 NaOH-H$_2$O$_2$ 分解后再用 HNO$_3$ 酸化。

三、主要试剂和仪器

1. NaOH　200g·L^{-1}。
2. HCl 溶液　（1+1），（1+3）
3. EDTA　0.02mol·L^{-1}。
4. 二甲酚橙　2g·L^{-1}。
5. 氨水　（1+1）
6. 六亚甲基四胺　200g·L^{-1}。
7. Zn^{2+}标准溶液　0.02mol·L^{-1}
8. NH$_4$F　200g·L^{-1}　贮于塑料瓶中。
9. 铝合金试样。

四、操作步骤

准确称取 0.10～0.11g 铝合金于 50mL 塑料烧杯中，加 10mLNaOH，在沸水浴中使其完全溶解，稍冷后，加（1+1）HCl 溶液至有絮状沉淀产生，再多加 10mL（1+1）HCl 溶液。定量转移试液于 250mL 容量瓶中，加水至刻度，摇匀。

准确移取上述试液 25.00mL 于 250mL 锥形瓶中，加 30mLEDTA,2 滴二甲酚橙，此时试液为黄色，加氨水至溶液呈紫红色，再加（1+3）HCl 溶液，使溶液呈现黄色。煮沸 3min，冷却。加 20mL 六亚甲基四胺，此时溶液应为黄色，如果溶液呈红色，还需继续滴加（1+3）HCl 溶液，使其变黄。把 Zn^{2+}滴入锥形瓶中，用来与多余的 EDTA 配位，当溶液恰好由黄色转为紫红色时，停止滴定。（1. 这次滴定是否需要准确操作，即多加几滴或少加几滴 Zn^{2+}可否？是否需要记录所消耗 Zn^{2+}标准溶液的体积？2. 不用 Zn^{2+}标液，而用浓度不准确的 Zn^{2+}溶液滴定行不行？）

于上述溶液中加 10mL NH$_4$F，加热至微沸，流水冷却，再补加 2 滴二甲酚橙，此时溶液应为黄色，若为红色，应继续滴加（1+3）HCl 溶液使其变为黄色。再用 Zn^{2+}标准溶液滴定，当溶液由黄恰好转变为紫红色时，即为终点，根据这次 Zn^{2+}标准溶液所耗体积计算 Al 的质量分数。

五、思考题

1. 试述返滴定和置换滴定各适用于哪些含 Al 的试样。
2. 对于复杂的铝合金试样，不用置换滴定，而用返滴定，所得结果是偏高还是偏低？

第三节　氧化还原滴定法

实验十　重铬酸钾法测样品中铁含量

一、目的要求

1. 掌握用直接法配制标准溶液。
2. 学会使用二苯胺磺酸钠指示剂。

二、实验原理

重铬酸钾是常用的氧化剂，$K_2Cr_2O_7$ 的氧化性不如 $KMnO_4$ 强，在酸性溶液中可氧化还原性物质，本身被还原为正三价的铬离子

$$Cr_2O_7^{2-} + 14H^+ + 6e \; == 2Cr^{3+} + 7H_2O \quad E° = 1.33v$$

在农业分析中，$K_2Cr_2O_7$ 法常用于测定土壤中有机质含量。重铬酸钾法测 Fe^{2+} 时常用二苯胺磺酸钠作为指示剂，反应终点时过量少许重铬酸钾，指示剂即由无色变为红紫色，实际上随着滴定的进行溶液中积累 Cr^{3+}，呈现绿色，终点时由绿变紫蓝色，二苯胺磺酸钠变色点电位也略低，偏于滴定曲线下端，指示剂变色时只能氧化 91%左右的 Fe^{2+}，因此为了减少误差必须在滴定终点前加入 NaF 或 H_3PO_4 形成配合物，降低 $\varphi_{Fe^{3+}/Fe^{2+}}$，使指示剂在突跃范围内变色，同时也消除了 Fe^{3+} 黄色干扰，有利于终点颜色的观察。重铬酸钾在酸性溶液中氧化 Fe^{2+}，本身被还原为绿色 Cr^{3-}

$$6Fe^{2+} + Cr_2O_7^{2-} + 14H^+ == 6Fe^{3+} + 2Cr^{3+} + 7H_2O$$

若测试样中总 Fe 量，则需将试样中 Fe^{3+} 还原。反应为：

$$2Fe^{3+} + Sn^{2+} === 2Fe^{2+} + Sn^{4+}$$

$$Sn^{2+} + 2HgCl_2 === Sn^{4+} + Hg_2Cl_2 + 2Cl^-$$

经处理后的试样再用 $K_2Cr_2O_7$ 标准溶液滴定。

由于 Hg 盐有毒，实验中排放的 Hg 排入下水道，沉积在底泥和水质中，造成严重环境污染。近年来多采用无 Hg 测 Fe 新方法，该法采用 $SnCl_2$-$TiCl_3$ 还原 Fe^{3+} 为 Fe^{2+}，反应式如下：

$$2Fe^{3+} + Sn^{2+} === 2Fe^{2+} + Sn^{4+}$$

$$Fe^{3+} + Ti^{3+} + H_2O === Fe^{2+} + TiO^{2+} + 2H^+$$

三、仪器和试剂

（一）仪器
酸碱两用滴定管（50mL）；锥形瓶三个（250mL）；容量瓶（100，150mL）；烧杯（100mL）；移液管（25mL）。

（二）试剂
$K_2Cr_2O_7$ 固体（A.R） H_3PO_4 85%   二苯胺磺酸钠 $0.2g·L^{-1}$

$H_2SO_4 3mol·L^{-1}$ $FeSO_4·7H_2O$ 固体

四、操作步骤

1. $0.1mol·L^{-1}$ $1/6K_2Cr_2O_7$ 标准溶液的配制

在分析天平上用差减法准确称取烘干过（105～110℃下烘干一小时）的 $K_2Cr_2O_7$ 约 0.75 克左右，放在干净的 100mL 烧杯中，加少量去离子水溶解后，转入 150mL 容量瓶中，定容 150mL 摇匀，计算其准确浓度。

2. 硫酸亚铁试样的配制

准确称取硫酸亚铁样品约 3.4 克，置于 100mL 烧杯中，加入 4mL H_2SO_4（$3mol \cdot L^{-1}$）防止水解，再加少量水溶液然后定量转移至 100mL 容量瓶中，摇匀备用。

3. 测定

用 25.00mL 移液管吸取硫酸亚铁溶液 25.00mL 于锥形瓶中，加水 50mL，加 20mL H_2SO_4（$3mol \cdot L^{-1}$），再加二苯胺磺酸钠 6～8 滴，用重铬酸钾标准溶液滴定至溶液出现深绿色，加 5mL H_3PO_4（85%），继续滴至溶液呈紫色，表示反应达到终点，记录 $K_2Cr_2O_7$ 标准液的用量，平行做三次。计算铁的质量分数：$w(Fe) = \dfrac{\left(c(\frac{1}{6}K_2Cr_2O_7) \cdot V\right) \times \dfrac{M(Fe)}{1000}}{m(Fe_2SO_4 \cdot 7H_2O) \times \dfrac{25}{100}} \times 100\%$

五、数据记录和结果计算

n	1	2	3
V（$K_2Cr_2O_7$）/mL			
ω（Fe）%			
ϖ（Fe）			

六、思考题

1. $K_2Cr_2O_7$ 为什么可用来直接配制标准溶液？
2. 加入 H_3PO_4 和 H_2SO_4 的作用是什么？

实验十一　高锰酸钾法测定 H_2O_2 的含量

一、实验目的

1. 掌握 $KMnO_4$ 标准溶液的配制方法及标定的条件和原理。
2. 了解 $KMnO_4$ 法直接测定 H_2O_2 方法原理和条件

二、实验原理

由于 $KMnO_4$ 常含有杂质，强化能力强，易与水中的有机物、空气中的尘埃、氨等还原性物质作用。此外还能自行分解，生成 MnO_2 和 O_2 等，在有 Mn^{2+} 存在的条件下，分解速度加快，特别是见光分解更快。所以配好的 $KMnO_4$ 溶液浓度容易改变。因此，必须注意掌握正确的配制方法和保存条件，以延长其稳定期。但是长期使用仍需定期标定。

实验室中所用的 $KMnO_4$ 标准溶液的标定。常用的基准物有：$Na_2C_2O_4$、$H_2C_2O_4 \cdot 2H_2O$、As_2O_3、$(NH_4)_2SO_4 \cdot FeSO_4 \cdot 6H_2O$ 以及纯铁丝等。其中：$Na_2C_2O_4$ 因不含结晶水，没有吸湿性，受热稳定，易于精制，所以最常用。

标定反应：

$$2Mn_4^- + 5C_2O_4^- + 16H^+ = 2Mn^{2+} + 10CO_2 \uparrow + 8H_2O$$

此反应在室温条件下速度很慢，为了加速反应，需将 $Na_2C_2O_4$ 溶液预先加热至 80℃左右，并在滴定过程中保持溶液温度不低于 60℃，但温度不得高于 90℃，以防 $H_2C_2O_4$ 发生分解。

此反应的酸度条件要保证适当的强度，以 $1mol \cdot L^{-1}$ 为宜。酸度过低，MnO_4^- 会部分被还原成 MnO_2，酸度过高，会促使 $H_2C_2O_4$ 分解。该酸性条件应以 H_2SO_4 为介质。HNO_3 因其氧化性，HCl 能发生诱导氧化 Cl^- 的反应，所以这两种酸不能作为此反应的介质。

滴定速度开始不能太快，以保证滴入的 $KMnO_4$ 与 $C_2O_4^{2-}$ 充分反应，不然也可能造成来不及反应的 $KMnO_4$ 发生分解。在此反应中，生成的 Mn^{2+} 可以加速反应的进行，这种现象称为自动催化作用，所以有时在反应开始前，在可以加少量 Mn^{2+} 作为催化剂，以加速反应进行。

在稀 H_2SO_4 溶液中，H_2O_2 在室温条件能定量被 $KMnO_4$ 氧化，因此可用 $KMnO_4$ 法测定 H_2O_2 含量反应式为：

$$2MnO_4^- + 5H_2O_2 + 6H^+ = 2Mn^{2+} + 5O_2 \uparrow + 8H_2O$$

$$M\left(\frac{1}{2}H_2O_2\right) = 17.01g \cdot mol^{-1}$$

滴入第一滴 $KMnO_4$ 溶液后，溶液由浅粉色变成无色后再加入第二滴，由于 Mn^{2+} 不断生成，有自动催化作用，加快反应速率。

当溶液呈稳定的微红色半分钟不褪时，即达到终点。

三、试剂

草酸钠固体，分析纯；　　$KMnO_4$ 固体，分析纯；　　$3mol \cdot L^{-1}$ H_2SO_4 溶液；　　H_2O_2 样品。

四、实验步骤

1. $KMnO_4$（约 0.02 $mol \cdot L^{-1}$）溶液的配置

（1）在台秤上称取 16g $KMnO_4$ 固体试剂，置于 800mL 烧杯中，加 500mL 去离子水溶解，盖上表面皿，加热至沸并保持微沸状态 1h。冷却后用微孔玻璃漏斗过滤，所得溶液置于棕色试剂瓶中，暗处保存。此溶液 $KMnO_4$ 浓度 $c\left(\frac{1}{5}KMnO_4\right)$ 约为 1 $mol \cdot L^{-1}$（由实验室给出）。

（2）量取上述 $KMnO_4$ 溶液 10.00mL，治愈棕色瓶中。用刚煮沸并以冷却的去离子水稀释至 500mL，摇匀待标定出准确浓度。

2. $KMnO_4$ 标准溶液的标定

（1）基准物 $Na_2C_2O_4$ 溶液的配置　用递减法准确称取基准物 $Na_2C_2O_4$____g（准确至 0.0001g），置于 100mL 小烧杯中，用 50mL 去离子水溶解，定量地转移到 250.0mL 容量瓶中，加去离子水稀释到标线，摇匀备用。

（2）用 $KMnO_4$ 溶液滴定 $Na_2C_2O_4$ 溶液　移取上述 $Na_2C_2O_4$ 溶液 25.00mL，放入 250mL 烧杯中，加 3 $mol \cdot L^{-1}$ H_2SO_4 溶液 10mL。将烧杯置于水浴中加热到 70～80℃，在保温情况下用浓度 $c\left(\frac{1}{5}KMnO_4\right)$ 约为 $0.02mol \cdot L^{-1}$ 的 $KMnO_4$ 溶液滴定。

滴定开始加入第一滴 $KMnO_4$ 溶液后，要用玻璃棒轻轻搅动，待红色褪去后再加乳第二滴。随着溶液中 Mn^{2+} 的生成，反应速率也逐渐加快，此时滴加速度可适当加快一些。在接近滴定终点时（红色褪去很慢），应放慢滴定速度；当溶液出现浅粉色并保持 1min 不消失时，即为滴定终点。在整个滴定过程中，溶液温度应始终保持在 60℃以上。记录所消耗的 $KMnO_4$ 溶液的体积 $V(KMnO_4)$。

按上述方法再标定数次，保留 3 个平行数据；要求极差小于 0.05mL。

（3）标定结果计算 根据标定是消耗的 $KMnO_4$ 溶液和体积和称取 $Na_2C_2O_4$ 基准物质的用量，用等物质的量规则，计算 $KMnO_4$ 标准溶液的浓度 $c\left(\dfrac{1}{5}KMnO_4\right)$，并求出平均浓度和标定结果的绝对平均偏差（d）和相对平均偏差（Rd）。

3. H_2O_2 样品含量的测定

移取 H_2O_2 样品 25.00mL 于 250mL 容量瓶中，加水稀释至刻度摇匀。移取 25.00mL 溶液于 250mL 锥形瓶中，加 50mL 水，$3mol·L^{-1}$ H_2SO_4，用 $KMnO_4$ 溶液滴定至微红色半分钟内不褪色即为终点。根据 $c(KMnO_4)$、$V(KMnO_4)$ 计算试样中 H_2O_2 的含量。

五、思考题

1. 标定 $KMnO_4$ 浓度的条件有那些？酸度过高、过低、温度过高或过低对标定结果有何影响？

2. 用 $Na_2C_2O_4$ 标定 $KMnO_4$ 时，为什么开始时 $KMnO_4$ 褪色很慢，滴定速度要慢？随着滴定的进行，为什么反应速率加快了？

3. 配置 $KMnO_4$ 溶液时，为什么要加热煮沸并保持微沸状态 1h 后冷却过滤再标定？

实验十二   维生素 C 制剂及果蔬中抗坏血酸含量的直接碘量法测定

一、实验目的

1. 掌握碘标准溶液的配制和标定方法
2. 了解直接碘量法测定抗坏血酸的原理和方法。

二、实验原理

维生素 C（Vc）又称抗坏血酸，分子式为 $C_6H_8O_6$。Vc 具有还原性，可被 I_2 定量氧化，因而可用 I_2 标准溶液直接滴定。其滴定反应式为：$C_6H_8O_6+ I_2=C_6H_6O_6+2HI$。用直接碘量法可测定药片、注射液、饮料、蔬菜、水果中的 Vc 含量。

由于 Vc 的还原性很强，较易被溶液和空气中的氧氧化，在碱性介质中这种氧化作用更强，因此滴定宜在酸性介质中进行，以减少副反应的发生。考虑到 I^- 在强酸性溶液中也易被氧化，故一般选在 pH=3～4 的弱酸性溶液中进行滴定。

三、仪器和试剂

仪器：
移液管、250mL 锥形瓶、100mL 小烧杯、滴定管。

试剂：

1. I_2 溶液（约 $0.05mol\cdot L^{-1}$）：称取 3.3g I_2 和 5g KI，置于研钵中，加少量水，在通风橱中研磨。待 I_2 全部溶解后，将溶液转入棕色试剂瓶中，加水稀释至 250mL，充分摇匀，放暗处保存。

2. $Na_2S_2O_3$ 标准溶液（约 $0.01mol\cdot L^{-1}$）

3. 淀粉溶液（0.2%）

4. HAc（$2mol\cdot L^{-1}$）

5. 固体 Vc 样品（维生素 C 片剂）

6. $K_2Cr_2O_7$ 标准溶液（约 $0.020mol\cdot L^{-1}$）

7. KIO_3 标准溶液（约 $0.002mol\cdot L^{-1}$）

8. 果蔬样品（如西红柿、橙子、草莓等）

9. KI 溶液（约 25%）

四、实验步骤

1. I_2 溶液的标定

用移液管移取 25.00mL $Na_2S_2O_3$ 标准溶液于 250mL 锥形瓶中，加 50mL 蒸馏水 5mL0.2%淀粉溶液，然后用 I_2 溶液滴定至溶液呈浅蓝色，30s 内不褪色即为终点。平行标定三分，记录 I_2 溶液的浓度。

2. 维生素 C 片剂中 Vc 含量的测定

准确称取约 0.2g 研碎了的维生素 C 药片，置于 250mL 锥形瓶中，加入 100mL 新煮沸并冷却了的蒸馏水，10mL $2mol\cdot L^{-1}$HAc 溶液和5mL0.2%淀粉溶液，立即用 I_2 标准溶液滴定至出现稳定的浅蓝色，且在 30s 内部褪色即为终点，记下消耗的 I_2 溶液体积。平行滴定三次，计算试样中抗坏血酸的质量分数。

3. 果蔬样品中 Vc 含量的测定

用 100mL 干燥小烧杯准确称取 50g 左右绞碎了的果蔬样品（如草莓，用绞碎机打成糊状），将其转入 250mL 锥形瓶中，用水冲洗小烧杯 1-2 次。向锥形瓶中加入 10mL2mol·L⁻¹HAc，20mL 25%KI 溶液和 5mL 1%淀粉溶液，然后用 KIO_3 标准溶液滴定至试液由红色变为蓝紫色即为终点，计算 Vc 的含量（mg/100g）。

五、注意事项

1. 维生素 C 固体试样溶解时一定要加入新煮沸并冷却的蒸馏水

2. 整个测量过程中，保持 pH=3-4

六、思考与讨论

1. 溶解 I_2 时，加入过量的 KI 的作用是什么？

2. 维生素 C 固体式样溶解时为何要加入新煮沸并冷却的蒸馏水？

3. 碘量法的误差来源有哪些？应采取哪些措施减小误差？

实验十三　胆矾中铜含量的测定

一、目的要求

1. 掌握碘量法测定胆矾中铜含量的原理和方法
2. 学会 $Na_2S_2O_3$ 溶液的配制和标定

二、实验原理

胆矾（$CuSO_4 \cdot 5H_2O$）是农药波尔多液的主要原料。胆矾中铜含量常用间接碘量法测定。在微酸性介质中，Cu^{2+} 与 I^- 反应生成 CuI 沉淀，并析出 I_2，其反应为

$$2Cu^{2+} + 4I^- ==== 2CuI + I_2$$

$$I_2 + I^- ==== I_3^-$$

Cu^{2+} 与 I^- 间的反应是可逆的，为使 Cu^{2+} 还原趋于完全，必须加入过量的 KI，这样也有效避免了 I_2 的挥发，但由于生成的 CuI 沉淀强烈地吸附 I_3^- 离子，当用 Na_2SO_3 滴定 I_2 时，又会使结果偏低。因此在接近终点时，可加入 KSCN 使 CuI 转化成溶解度更小，对 I_3^- 吸附较困难的 CuSCN 沉淀，其反应为：

$$CuI + SCN^- === CuSCN \downarrow + I^-$$

Cu^{2+} 与 I^-，用标准溶液滴定，以淀粉为指示剂，滴定至溶液的蓝色刚好消失即为终点。根据 $Na_2S_2O_3$ 标准溶液的浓度、滴定时所消耗的体积及试样质量，可计算出试样中铜的含量。

Cu^{2+} 与 I^- 反应时，溶液的 pH 值一般控制在 3～4 之间。酸度过低，Cu^{2+} 易水解，使反应不完全，结果偏低；酸度过高，I^- 易被空气中的氧，氧化为 I_2，使结果偏高。控制溶液的酸度常采用稀 H_2SO_4 或 HAc；而不用 HC1，因为 Cu^{2+} 易与 Cl^- 生成配离子。

Fe^{3+} 存在时，因发生下述反应：$2Fe^{3+}+2I^- \rightarrow 2Fe^{2+}+I_2$，而使测定结果偏高。为消除 Fe^{3+} 的干扰，可加入 NaF 或 NH_4F，使 Fe^{3+} 形成稳定的 FeF_6^{3-}。

三、仪器和试剂

（一）仪器

50mL 酸碱两用滴定管一支；250mL 锥形瓶三个；250mL 碘量瓶三个；100mL 烧杯一只；20mL 量筒四个，100mL 量筒一个；棕色试剂瓶（500mL）一个。

（二）试剂

（1）$Na_2S_2O_3 \cdot 5H_2O$ 固体　　　（2）$KBrO_3$ 固体（A.R）　　　（3）Na_2CO_3 固体
（4）KI 溶液（10%，实验前新配制）　　（5）KSCN 溶液（10%）　　　（6）饱和 NaF 溶液
（7）3mol·L^{-1} H_2SO_4 溶液　　　　　（8）0.5%淀粉溶液：称取 0.5g 可溶性淀粉，用少量水润湿后，加入 100mL 沸水，搅匀。冷却后，可加 0.1g HgI_2 防腐剂。　　（9）$CuSO_4 \cdot 5H_2O$ 试样。

四、实验内容

（一）0.1mol·L^{-1}Na$_2$S$_2$O$_3$ 标准溶液的配制与标定

1. 0.1mol·L^{-1}Na$_2$S$_2$O$_3$ 标准溶液的配制

称取 12.5g Na$_2$S$_2$O$_3$·5H$_2$O 放于烧杯中，用新煮沸（为什么？）并冷却至室温的去离子水溶解，然后加入 0.1g Na$_2$S$_2$O$_3$，再用新煮沸经冷却的去离子水稀释至 500mL，放入棕色试剂瓶中，于暗处放置一周后标定。

2. 0.1mol·L^{-1}Na$_2$S$_2$O$_3$ 标准溶液的标定

准确称取已烘干（在 120℃下烘 1～2 小时）的 KBrO$_3$ 0.4～0.5g，在烧杯中溶解后定容至 150mL。移取 25.00mL KBrO$_3$ 标准溶液于 250mL 碘量瓶（为什么？）内，加入 15mL 10%KI 溶液和 3mol·L^{-1}H$_2$SO$_4$ 溶液 5mL。在暗处放置 5 分钟后，加去离子水至 150mL。然后，用 0.1mol·L^{-1}Na$_2$S$_2$O$_3$ 标准溶液滴定到溶液呈浅黄色时，加入 0.5%淀粉溶液 5mL 继续滴定至蓝色褪去为止。平行标定三次。

根据 KBrO$_3$ 的质量和滴定所消耗 Na$_2$S$_2$O$_3$ 的体积，按下式计算 Na$_2$S$_2$O$_3$ 标准溶液的浓度：

$$c(Na_2S_2O_3) = \frac{m(KBrO_3) \times \dfrac{25}{150}}{M(\frac{1}{6}KBrO_3) \times V(Na_2S_2O_3) \times 10^{-3}}$$

（二）胆矾中铜含量的测定

准确称取胆矾试样 0.5～0.6g 置于 250mL 锥形瓶中，加 3mL H$_2$SO$_4$（3mol·L^{-1}）溶液及 100mL 去离子水。样品溶解后。加入 10mL 饱和 NaF 溶液和 10mL KI（10%）溶液，摇匀后立即用 Na$_2$S$_2$O$_3$（0.1mol·L^{-1}）标准溶液滴定至浅黄色。加入 5mL 淀粉（0.5%）溶液，继续滴定至溶液呈浅蓝色时，再加入 10mL KSCN（10%）溶液，混匀后溶液的蓝色加深。然后，再继续滴定到蓝色刚好消失为止，此时溶液为米色悬浊液，记录滴定所耗用的 Na$_2$S$_2$O$_3$ 体积。平行测定三次。计算样品中铜的含量。

$$w(Cu) = \frac{c(Na_2S_2O_3) \times V(Na_2S_2O_3) \times 10^{-3} \times M(Cu)}{m_s} \times 100\%$$

五、数据记录和处理

1. Na$_2$S$_2$O$_3$ 标准溶液的标定

平行实验次数	1	2	3
V（KBrO$_3$）/mL			
V（KI）/mL			
V（H$_2$SO$_4$）/mL			
V（H$_2$O）/mL			
V（Na$_2$S$_2$O$_3$）/mL			
V（淀粉）/mL			
c（Na$_2$S$_2$O$_3$）/$mol·L^{-1}$			
$\bar{c}$（Na$_2$S$_2$O$_3$）/$mol·L^{-1}$			

2. 胆矾中铜含量的测定

平行测定次数	1	2	3
m（CuSO$_4$·5H$_2$O）/g			
V（H$_2$SO$_4$）/mL			
V（NaF）/mL			
V（淀粉）/mL			
V（KSCN）/mL			
V（Na$_2$S$_2$O$_3$）/mL			
ω（Cu）/%			
$\bar{\omega}$(Cu)/%			

六、思考题

1. 测定铜含量时，所加 KI 为何过量？KI 的量是否要求很准确？加入 KSCN 的作用何在？为什么 KSCN 要在邻近终点前加入？

2. 为什么必在溶液被滴定至浅黄色后才加入淀粉指示剂？

3. 用碘量法进行滴定时，酸度和温度对滴定反应有何影响？

4. 碘量法的误差来源有哪些？应如何避免？

实验十四　水样中化学需氧量（COD）测定

一、实验目的

1. 初步了解环境分析的重要性及水样的采集和保存方法。

2. 对水中化学耗氧量（COD）与水体污染的关系有所了解。

3. 掌握高锰酸钾法测定水中 COD 的原理及方法。

二、实验原理

化学耗氧量（COD）是量度水体受还原性物质（主要是有机物）污染程度的综合性指标。它是指水体中易被强氧化剂氧化的还原性物质所消耗的氧化剂的量，换算成氧的含量（以 mg·L^{-1} 计）。测定时，在水样中加入 H$_2$SO$_4$ 及一定量的 KMnO$_4$ 溶液，置沸水浴中加热，使其中的还原性物质氧化，剩余的 KMnO$_4$ 用一定量过量的 Na$_2$C$_2$O$_4$ 还原，再以 KMnO$_4$ 标准溶液返滴 Na$_2$C$_2$O$_4$ 的过量部分。由于 Cl$^-$ 对此法有干扰，因而本法仅适合于地表水、地下水、饮用水和生活污水中 COD 的测定，含 Cl$^-$ 较高的工业废水则应采用 K$_2$Cr$_2$O$_7$ 法测定。

方法的反应式为

$$4MnO_4^- + 5C + 12H^+ === 4Mn^{2+} + 5CO_2 \uparrow + 6H_2O$$

$$2MnO_4^- + 5C_2O_4^{2-} + 16H^+ === 2Mn^{2+} + 10CO_2 \uparrow + 8H_2O$$

据此，测定结果的计算式为：

$$COD=\frac{\left[\frac{5}{4}c(MnO_4^-)-\left(V(MnO_4^-)_1+V(MnO_4^-)_2\right)-\frac{1}{2}\left(c(C_2O_4^{2-})\cdot V(C_2O_4^{2-})\right)\right]\times 32.00g\cdot mol^{-1}\times 1000}{V_{水样}}(O_2mg\cdot L^{-1})$$

式中：$V(MnO_4^-)_1$ 为第一次加入 $KMnO_4$ 溶液体积，$V(MnO_4^-)_2$ 为第二次加入 $KMnO_4$ 溶液的体积。

三、主要试剂

1. $KMnO_4$ 溶液 $0.02mol\cdot L^{-1}$ 配制。在台天平上称取约 $1.6g KMnO_4$ 固体于 $800mL$ 烧杯中，加 $500mL$ H_2O 使之溶解，盖上表面皿，在电炉上加热至沸，并保持微沸 $30min$，静置过夜，用微孔玻璃漏斗（或玻璃棉）过滤，滤液贮存于具有玻璃塞的棕色试剂瓶中备用。

2. $0.002mol\cdot L^{-1} KMnO_4$ 溶液   吸取 $0.02mol\cdot L^{-1} KMnO_4$ 标准溶液 $25.00mL$ 置于 $250mL$ 容量瓶中，以新煮沸且冷却的去离子水稀释至刻度。

3. $Na_2C_2O_4$ 标准溶液 $0.005mol\cdot L^{-1}$ 将 $Na_2C_2O_4$ 于 $100\sim105℃$ 干燥 $2h$，在干燥器中冷却至室温，准确称取 $0.17g$ 左右于小烧杯中，加水溶解后，定量转移至 $250mL$ 容量瓶中，以水稀释至刻度。

4. H_2SO_4 （1+3）。

四、实验步骤

1. $KMnO_4$ 溶液的标定

在分析天平上准确称取 $0.15\sim0.20g$（准确至 $0.1mg$）基准物质 $Na_2C_2O_4$，置于 $250mL$ 锥形瓶中，加 $30mL$ H_2O 使之溶解，再加入 $10mL$ $3mol\cdot L^{-1} H_2SO_4$。加热至 $75\sim85℃$，趁热用 $KMnO_4$ 溶液滴定至微红色且在 $30s$ 内不褪即为滴定终点，记下 $KMnO_4$ 消耗的体积。平行测定三份。

计算公式 $c(KMnO_4)=\dfrac{\dfrac{2m(Na_2C_2O_4)}{5}}{V(KMnO_4)\cdot M(Na_2C_2O_4)}$

平行测定次数	1	2	3
m（$Na_2C_2O_4$）/g			
V（$KMnO_4$）/mL			
c（$KMnO_4$）/mol·L^{-1}			
$\bar{c}$（$KMnO_4$）/mol·L^{-1}			
相对平均偏差			

2. 水样的测定

视水质污染程度取水样 $10\sim100mL$[①]，置于 $250mL$ 锥形瓶中，加 $10mL$ H_2SO_4，再准确加入 $10mL$ $0.002mol\cdot L^{-1} KMnO_4$ 溶液，立即加热至沸，若此时红色褪去，说明水样中有机物含量较多，应补加适量 $KMnO_4$ 溶液至试样溶液呈现稳定的红色。从冒出第一个大泡开始计时，用小火准确煮沸 $10min$，取下锥形瓶，趁热加入 $10.00mL$ $0.005mol\cdot L^{-1} KMnO_4$ 标准溶液滴定至稳定的淡红色即为终点。平行测定 3 份取平均值。计算水样中 COD 的含量。

---

① 水样采集后，应加入 H_2SO_4 使 pH<2，抑制微生物繁殖。试样尽快分析，必要时在 $0\sim5℃$ 保存，应在 $48h$ 内测定。取水样的量由外观可初步判断：洁净透明的水样取 $100mL$，污染严重、混浊的水样取 $10\sim30mL$，补加去离子水至 $100mL$。

五、思考题

1. 水样的采集及保存应当注意哪些事项？
2. 水样加入 $KMnO_4$ 煮沸后，若紫红色消失说明什么？应采取什么措施？
3. 当水样中 Cl^- 含量高时，能否用该法测定？为什么？
4. 测定水中 COD 的意义何在？有哪些方法测定 COD？

实验十五　碘量法测食盐中碘的含量

一、目的要求

掌握含碘食盐中碘含量的测定原理及方法。

二、实验原理

是人类生命活动不可缺少的元素之一，缺 I_2 会导致人的一系列疾病的产生。如智力下降、甲状腺肿大等。因而在人们的日常生活中，每天摄入一定量的 I_2 是很必要的。将 I_2 加入食盐中是一个很有效的方法。通常是将 KI 加入食盐中以达到补 I_2 的目的。食盐中 I^- 含量一般为 $2 \times 10^{-3}\% \sim 5 \times 10^{-3}\%$（$20 \sim 50 \mu g \cdot g^{-1}$）。

在酸性条件下，食盐中的 I^- 经 Br_2 氧化为 IO_3^-，过量的 Br_2 用 HCOONa 除去。加入过量 KI 使 IO_3^- 氧化析出 I_2，然后用 $Na_2S_2O_3$ 标准溶液滴定，测定食盐中 I^- 含量，其反应式如下：

$$I^- + 3Br_2 + 3H_2O === IO_3^- + 6H^+ + 6Br^-$$

$$Br_2 + HCOO^- + H_2O === CO_3^{2-} + 3H^+ + 2Br^-$$

$$IO_3^- + 5I^- + 6H^+ === 3I_2 + 3H_2O$$

$$I_2 + 2S_2O_3^{2-} === 2I^- + S_4O_6^{2-}$$

三、实验仪器、药品

（一）仪器
酸碱两用滴定管（50mL）　　碘量瓶（250mL）　　量筒（10mL）
容量瓶（250mL）　　移液管（10mL，5mL）

（二）药品
KIO_3 标准溶液 0.0003mol·L^{-1}　　$Na_2S_2O_3 \cdot 5H_2O$　　$Na_2S_2O_3$ 固体　　HC1 1mol·L^{-1}
Br_2 水饱和溶液　　HCOONa10%　　KI 5%（用时新配）　　淀粉 0.5%（用时新配）

四、操作步骤

1. 0.002mol·$L^{-1}Na_2S_2O_3$ 标准溶液的配制
准确移取 0.1000mol·$L^{-1}Na_2S_2O_3$ 标准溶液 5.00mL，放入 250mL 容量瓶中定容，摇匀备用。
2. 食盐中碘含量的测定
准确称取 10g 均匀加碘食盐，置于 250mL 碘量瓶中，加 100mL 去离子水溶解，加 2mL
1mol·L^{-1}HC1 和 2mL 饱和 Br_2 水，混匀，放置 5min，摇动下加入 5mL 10%HCOONa 水溶液，

放置 5min 后加 5mL 5% KI 溶液，静置约 10min，用 $Na_2S_2O_3$ 标准溶液滴定至溶液呈浅黄色时，加 5mL 0.5% 淀粉溶液，继续滴定至蓝色恰好消失为止，记录所用 $Na_2S_2O_3$ 体积 V。平行滴定 3 次。计算食盐中碘的含量。

五、数据处理

I^- 含量按下式计算

$$w(I) = \frac{c(Na_2S_2O_3) \cdot V(Na_2S_2O_3) \times M(I^-) \times \frac{1}{6}}{m_s} \times 100\%$$

偏差应小于 2×10^{-6}。

六、思考题

1. 本实验滴定为何要用碘量瓶？使用碘量瓶应注意些什么？
2. 淀粉指示剂能否在滴定前加入？为什么？

第四节　沉淀滴定法

实验十六　可溶性氯化物中氯离子的测定（莫尔法）

一、目的要求

1. 掌握沉淀滴定法中莫尔法的测定原理及方法。
2. 准确判断 K_2CrO_4 作指示剂的滴定终点。

二、实验原理

某些可溶性氯化物中氯含量的测定通常采用莫尔法。此方法是在中性或弱碱性溶液中，以 K_2CrO_4 为指示剂，用 $AgNO_3$ 溶液进行滴定。由于 AgCl 的溶解度比 Ag_2CrO_4 小，因此，在溶液中首先析出的沉淀是 AgCl，当 AgCl 形成了定量的沉淀后，过量一滴则 $AgNO_3$ 即与 CrO_4^{2-} 生成砖红色的 Ag_2CrO_4 沉淀，此时指示剂达到终点。

主要反应如下：

$$Ag^+ + Cl^- === AgCl\downarrow（白色），\quad K_{sp}^\theta = 1.8 \times 10^{-10}$$

$$2Ag^+ + CrO_4^{2-} === Ag_2CrO_4\downarrow（砖红色），\quad K_{sp}^\theta = 2.0 \times 10^{-12}$$

在中性或弱碱性溶液中进行滴定，且最适宜的 pH 值范围为 6.5～10.5。若溶液体系中有铵盐存在，溶液的 pH 值需控制在 6.5～7.2 之间。

由于指示剂的用量对实验的滴定存在一定的影响，一般以 $5 \times 10^{-3} mol \cdot L^{-1}$ 为宜。因此，凡是能与 Ag^+ 生成难溶性化合物或络合物的阴离子都干扰测定。如 PO_4^{3-}、AsO_4^{3-}、SO_3^{2-}、S^{2-}、CO_3^{2-}、$C_2O_4^{2-}$ 等。其中化合物 H_2S 可加热煮沸除去，SO_3^{2-} 可氧化成 SO_4^{2-} 后，在无干扰条件下测定。而大量的 Cu^{2+}、Ni^{2+}、Co^{2+} 等有色离子将影响终点观察。故能与 CrO_4^{2-} 指示剂生成难溶化合物的阳离子也会干扰测定，如 Ba^{2+}、Pb^{2+} 能与 CrO_4^{2-} 分别生成 $BaCrO_4$、$PbCrO_4$ 沉淀，

Ba^{2+} 在其中的干扰可加入过量的 Na_2SO_4 消除。另外，Al^{3+}、Ni^{2+}、Ni^{2+}、Co^{2+} 等高价的金属离子在中性或弱碱性溶液中易水解，从而产生沉淀干扰影响滴定。

三、仪器、药品

（一）仪器
酸碱两用滴定管（50mL）　　碘量瓶（250mL）　　　　量筒（10mL）

容量瓶（100mL）　　　　　　移液管（10mL，5mL）　烧杯

（二）药品
NaC1 基准试剂：将固体 NaC1 放入坩埚在 500～600℃ 的高温炉中灼烧 30min 后，放置在干燥器中，冷却后使用

K_2CrO_4 溶液：5% 水溶液

$AgNO_3$ 溶液 0.1mol·L^{-1}：称取 8.5g $AgNO_3$ 溶解于 500mL 不含 Cl^- 的去离子水中，溶解完全后将溶液转入棕色试剂瓶中，置于暗处保存，防止光照分解。

四、操作步骤

1. $AgNO_3$ 溶液的标定

准确称取 0.5～0.65g 基准 NaC1 于小烧杯中，用去离子水溶解后，转入 100mL 的容量瓶中定容，摇匀备用。

用移液管移取 25.00mL NaC1 溶液注入 250mL 锥形瓶中，加入 25mL 去离子水，用吸量管加入 1mL5%K_2CrO_4 溶液，不断振摇下，用 $AgNO_3$ 溶液滴定至呈现砖红色，即到达终点。平行测定 3 次。根据所消耗的 $AgNO_3$ 溶液的体积和 NaC1 的质量，计算 $AgNO_3$ 溶液的浓度。

2. 试样分析

准确称取 2g NaC1 基准样，放入烧杯中，加去离子水溶解，然后转入 250mL 的容量瓶中，用去离子水稀释至刻度，摇匀。

用移液管移取 25.00mL 试液于 250mL 锥形瓶中，加入 25mL 去离子水，用 1mL 的吸量管加入 1mL5%K_2CrO_4 溶液，在不断摇动下，用 $AgNO_3$ 溶液滴定至溶液呈砖红色时，即为终点。平行滴定 3 次。按公式计算试样中氯的含量。（实验完成后，$AgNO_3$ 溶液滴定管用自来水、去离子水分别洗 2～3 次，以免 AgCl 残留在管内。）

Cl^- 含量按下式计算

$$\omega(Cl) = \frac{c(AgNO_3) \cdot V(AgNO_3) \times M(Cl)}{m_s \times \dfrac{25.00}{250.0}} \times 100\%$$

五、思考题

1. 莫尔法测定氯离子时，为什么溶液的 pH 值必须控制在 6.5～10.5？

2. 以 K_2CrO_4 作指示剂时，指示剂浓度过大或过小对测定有何影响？

3. 用莫尔法测定"酸性光亮镀铜液"（主要成分为 $CuSO_4$ 和 H_2SO_4）中的氯含量时，试液先应做那些预处理？

4. 在测定条件下，指示剂主要是以 CrO_4^{2-} 还是以 $Cr_2O_7^{2-}$ 形式存在？为什么？

第五章　光学分析实验

第一节　紫外-可见分光光度法

实验十七　邻二氮菲吸光光度法测定铁

一、目的要求

1. 掌握用邻二氮菲吸光光度法测定铁的原理及方法。
2. 了解可见分光光度计的构造及使用方法。
3. 学习吸收曲线的制作，并选择测量铁的适宜条件。

二、实验原理

微量铁的测定有邻二氮菲法，磺基水杨酸法，硫氰酸盐法等。我国目前大都采用邻二氮菲法。此法准确度高，重现性好，配合物十分稳定。Fe^{2+}离子和邻二氮菲反应生产桔红色配合物；

（橘红色）

该配合物的 $lg\beta_3$=21.3（20℃），ε_{508}==11000L·mol^{-1}·cm^{-1}。Fe^{3+}与邻二氮菲也会生产 1:3 的淡蓝色配合物，其 $lg\beta_3$=14.1，在显色前应用盐酸羟胺将 Fe^{3+} 全部还原为 Fe^{2+}。

$$2Fe^{3+} + 2NH_2OH·HCl === 2Fe^{2+} + N_2\uparrow + 2H_2O + 4H^+ + 2Cl^-$$

Fe^{2+}与邻二氮菲在 pH=2～9 范围内都能显色，且其色泽与 pH 无关，但为了尽量减少其它离子的影响，通常在微酸性（pH≈5）溶液中显色。

Fe^{2+}与邻二氮菲可以加入溴酚蓝等组成三元配合物，经萃取后可进一步提高测定的灵敏度。近年来还介绍用 5—Br—PADTP 光度法测定微量铁。

本法的选择性很高，相当于含铁量 40 倍的 Sn^{2+}、Al^{3+}、Ca^{2+}、Mg^{2+}、Zn^{2+}、SiO_3^{2-}，20 倍的 Cr^{3+}、Mn^{2+}、V（V）、PO_4^{3-} 5 倍的 Co^{2+}、Cu^{2+}等均不干扰测定。

光度法测定通常要研究吸收曲线、标准曲线、显色剂的浓度、有色溶液的稳定性、溶液的酸度、显色物质（通常是配合物）的组成等。此外，还要研究干扰物质的影响，反应温度，测定范围，方法的适用范围等。本实验只作几个基本的条件实验，从中学习吸光度法测定条件的选择。

三、仪器和试剂

（一）仪器

可见分光光度计；烧杯（100mL 2 个）；容量瓶（100mL 一个，50mL 8 个）；吸量管（10mL 一支，5mL   三支，2mL 一支，1mL 二支）

（二）试剂

1. 标准铁溶液（甲）1×10^{-3}mol·L^{-1}（0.5mol·L^{-1}HCl 溶液）。准确称取 0.4822 克 NH_4Fe（SO_4）$_2$·$12H_2O$，置于烧杯中，加入 80 毫升 6mol·L^{-1}HCl 和少量水，溶解后，转移至 1L 容量瓶中，用去离子水稀释至刻度，摇匀，供做"条件实验"使用。

2. 标准铁溶液（乙）每毫升含铁 100 微克。准确称取 0.8634g NH_4Fe（SO_4）$_2$·$12H_2O$，置于烧杯中，加入 20mL 6mol·L^{-1}HCl 和少量水，溶解后，转移至 1L 容量瓶中，用去离子水稀释至刻度，摇匀。供制作标准曲线用。也可以改用金属铁溶于稀硝酸以制备标准铁溶液。

3. 邻二氮菲   0.15%水溶液，1.0×10^{-3}mol·L^{-1}水溶液。

4. 盐酸羟胺   10%水溶液（新鲜配制）

5. 醋酸钠溶液   1mol·L^{-1}

6. NaOH 溶液   0.1mol·L^{-1}、1mol·L^{-1}

7. HCl 溶液   6mol·L^{-1}

四、实验步骤

1. 条件实验

（1）吸收曲线的制作   用吸量管吸取 2.00mL 1×10^{-3}mol·L^{-1}标准铁溶液甲，注入 50mL 容量瓶，加入 1.00mL 10%盐酸羟胺溶液，摇匀，加入 2.00mL 0.15%邻二氮菲溶液，5.00mL 1mol·L^{-1}醋酸钠溶液，以去离子水稀释至刻度，摇匀，在分光光度计上，用 1cm 的比色皿，采用试剂溶液为参比溶液，在 460～560nm 间，每隔 10nm 测一次吸光度（最大吸收附近每 5nm 测一次吸光度）。以波长为横坐标，吸光度为纵坐标，绘制吸收曲线，从而选择测量铁的适宜波长。

λ（nm）	460	470	480	490	495	500	505	510	515	520	530	540	550	560
A														

（2）显色剂用量的影响   取 7 只 50mL 容量瓶，各加入 2.00mL 1×10^{-3}mol·L^{-1}标准铁溶液甲和 1.00mL 10%盐酸羟胺溶液，摇匀，分别加入 0.10、0.30、0.50、0.80、1.00、2.00 及 4.00mL 0.15%邻二氮菲溶液，然后加入 5.00mL 1mol·L^{-1}NaAc 溶液，以去离子水稀释至刻度，摇匀。在分光光度计上，用 1cm 比色皿，以吸收曲线所选定的波长，以试剂溶液为参比，测定显色剂各浓度（或加入体积）的吸光度。以邻二氮菲体积为横坐标，吸光度为纵坐标，绘制吸光度-试剂用量曲线。从而确定测定过程中应加入试剂的体积。

显色剂用量（mL）	0.10	0.30	0.50	0.80	1.00	2.00	4.00
A							

（3）有色溶液的稳定性　在 50mL 容量瓶中，加入 2.00mL 1×10^{-3}mol·L^{-1}标准铁溶液甲，1.00mL 10%盐酸羟胺溶液，加入 2.00mL 0.15%邻二氮菲溶液，5.00mL mol·L^{-1}NaAc 溶液，以去离子水稀释至刻度，摇匀。立即在所选择的波长下，用 1cm 比色皿，以试剂溶液为参比，测定吸光度。然后放置 5min、10min、30min、45min、1h、1.5h、2h,测定相应的吸光度。以时间为横坐标，以吸光度为纵坐标，绘出吸光度-时间曲线，从曲线观察配合物的稳定性。

反应时间（min）	开始反应时	5	10	30	45	60	90	120
A								

（4）溶液 pH 的影响　取 7 只 50mL 容量瓶，每个加入 2.00mL 1×10^{-3}mol·L^{-1}标准铁甲溶液，及 1.00mL 10%盐酸羟胺溶液，摇匀，放置两分钟，再加入 2.00mL 0.15%邻二氮菲溶液，摇匀，用吸量管分别加入 0.00、0.50、1.00、1.50、2.00、2.50、3.00mL 1mol·L^{-1}NaOH 溶液，以去离子水稀释至刻度摇匀。用 pH 计或精密 pH 试纸测定各溶液的 pH 值。然后在所选波长下，用 1cm 比色皿，以试剂溶液为参比，测定吸光度。以 pH 为横坐标，以吸光度为纵坐标，绘出吸光度-pH 值曲线，找出测定铁适宜的 pH 范围。

加入 NaOH 的体积（mL）	0.00	0.50	1.00	1.50	2.00	2.50	3.00
溶液的 pH 值							
A							

（5）标准曲线的制作　用移液管吸取标准铁溶液乙　10.00mL 于 100mL 容量瓶中，加入 2.00mL 6mol·L^{-1}HCl，以水稀释至刻度，摇匀。此溶液每毫升含铁 10 微克。

在 6 只 50mL 容量瓶中，分别用吸量管加入 0.00、2.00、4.00、6.00、8.00、10.00mL 10 微克/mL 标准铁溶液，再加入 1.00mL 10%盐酸羟胺溶液，2.00mL 0.15%邻二氮菲溶液和 5.00mL 1mol·L^{-1}NaAc 溶液，以去离子水稀释至刻度，摇匀。在所选择的波长下，用 1cm 比色皿，以试剂溶液为参比，测定各溶液的吸光度。以铁的浓度为横坐标，吸光度为纵坐标，绘制标准曲线。

移取 10μg/mL 的铁标液的量（mL）	0.00	2.00	4.00	6.00	8.00	10.00
比色管中铁标液的浓度（μg·mL^{-1}）						
A						

2. 铁含量的测定

准确吸取适量含铁样品液平行 3 份，按标准曲线的测定步骤，测定其吸光度，从标准曲线求出试液的含铁量（以微克/毫升表示）。

样品号	1	2	3
测得吸光度值（A）			
曲线上查出铁的浓度（μg·mL^{-1}）			
原含铁样品中铁的浓度（g·L^{-1}）			
原含铁样品中铁的浓度的平均值（g·L^{-1}）			

五、思考题

1. 用邻二氮菲法测定铁时，为什么在测定前需要加入盐酸羟胺？

2. 本实验中哪些试剂需要准确配制加入？哪些试剂不需要准确配制，但要准确加入？

3. 试对所作的条件实验进行讨论，并选择适宜的测定条件。

实验十八　紫外分光光度法测定废水中苯酚的含量

一、实验目的

（1）掌握紫外线外可分度计的构造原理。

（2）掌握紫外线分光光度计的使用方法。

（3）掌握苯酚的最大吸收波长，测定污水中的苯酚含量。

二、实验原理

不饱和有机化合物，特别是芳香化合物，在 200～400nm 的近紫外区有特征吸收，可以为鉴定有机化合物提供有用的信息。芳香族化合物在 230～270nm^{-1} 区间的精细结构是其特征吸收峰（B）。吸收带中心波长在254nm 附近。最大吸收峰随苯环上取代基的改变而发生移动。

苯酚是一种污染物，已经被列入有机污染物的黑名单。测定水中苯酚浓度十分有意义。苯酚在紫外线光区的最大吸收波长 λ =270nm。对苯酚溶液进行进行紫外线光区扫描时，在270nm 标准工作曲线。再在相同的条件下测定未知样品吸光度值，依据朗伯-比尔定律的原理，由标准工作曲线可测得未知样品中的苯酚含量。苯酚的吸收光谱如图7-1 所示。

三、仪器和药品

紫外可见分光光度计、1cm 石英比色皿 2 个、0.1mL 和 10mL 移液管各 1 支、10mL 吸量管 1 支、50mL 容量瓶 7 个、100mL 容量瓶 1 个、10mL 容量瓶 2 个、5mL 容量瓶 2 个

苯的环乙烷溶液（1+250）、0.3g·L^{-1} 苯酚环乙烷溶液、0.1moL·L^{-1}HCL、0.1moL·L^{-1}NaOH、0.250g·L^{-1} 苯酚标准溶液（准确称量 25.0mg 分析纯苯酚，溶于适量去离子水中，转移至100mL 容量瓶中，用去离子水稀释至刻度、摇匀）、含有苯酚的污水试样

四、实验步骤

（1）吸收曲线的测定

准确移取 4.00mL 苯酚标准溶液，置于 50mL 容量瓶中，用去离子水稀释至刻度，摇匀。选取 1cm 石英比色皿，以去离子水作为参比溶液，测得吸收曲线，确定最大吸收波长。

（2）工作曲线的测定

在 5 个 50mL 的容量瓶中分别加入 2.00mL、4.00mL、6.00mL、8.00mL 和 10.00mL 苯酚标准溶液，用去离子水稀释至刻度，摇匀，制得苯酚标准溶液。选取 1cm 石英比色皿，以去离子水为参比溶液，在最大吸收波长处测定标准系列溶液的吸光度，绘制工作曲线。

（3）污水中苯酚含量的测定

准确移取 10.00mL 试样溶液于 50mL 容量瓶中，加入去离子水稀释至刻度，测定试液的吸光度。平行测定 3 份。

（4）溶剂酸碱性对苯酚吸收曲线的影响

准确移取 1.00mL 的苯酚标准溶液，加入 10mL 容量瓶中，用 HCl 溶液稀释至刻度，摇匀。

选取 1cm 石英比色皿，以去离子水为参比溶液，测定 220～350nm 波长范围的吸收曲线。

准确移取 1.00mL 的苯酚标准溶液，加入至 10mL 容量瓶中，用 NaOH 溶液稀释至刻度，摇匀。选取 1cm 石英比色皿，以去离子水为参比溶液，测定 220～350nm 波长范围的吸收曲线。

比较不同酸度时苯酚吸收曲线的变化，讨论发生变化的原因。

（5）苯环上羟基对吸收曲线的影响

① 用 0.1mL 移液管移取 0.05mL 苯的环己烷溶液，加入至 5mL 容量瓶中，用环己烷稀释至刻度，摇匀。选取带盖 1cm 石英比色皿，以环己烷为参比溶液，测定 220～320nm 波长范围的吸收曲线。

② 用 0.1mL 移液管移取 0.05mL 苯酚的环己烷溶液，加入至 5mL 容量瓶中，用环己烷稀释至刻度，摇匀。选取带盖 1cm 石英比色皿，以环己烷为参比溶液，测定 220～320nm 波长范围的吸收曲线。

观察各吸收曲线的形状，分别找出苯和苯酚的最大吸收波长，计算最大吸收波长转移的情况。

五、数据记录与处理

（1）苯酚吸收曲线，并选择最大的吸收波长。
（2）苯酚标准工作曲线，计算出水样中的苯酚含量（$mg \cdot L^{-1}$）。
（3）苯酚的酸性、碱性及水溶液的吸收曲线。
（4）苯、苯酚的环己烷溶液的吸收曲线，讨论变化原因。

六、注意事项

（1）使用紫外分光光度计前必须认真阅读仪器说明书，以免使用不当造成仪器性能下降甚至损坏仪器。
（2）正确选择紫外分光光度计的光源和检测器。
（3）不要频繁的开、关紫外分光光度计的光源，以免缩短寿命。

七、思考题

（1）本实验测定时能否用玻璃槽比色皿盛放溶液？为什么？
（2）在近紫外区，饱和烷烃为什么没有吸收峰？

实验十九　混合液中 Co^{2+} 和 Cr^{3+} 双组分的吸光光度法测定

一、目的的要求

掌握用分光光度法测定双组分的原理和方法。

二、基本原理

当试样溶液中含有多种吸光物质，一定条件下分光光度法不经分离即可对混合物进行多组分分析。这是因为吸光度具有加和性，在某一波长下总吸光度等于各个组分吸光度的总和。

如果混合物中各组分的收带互有重叠，只要它们能符合朗伯—比耳定律，对 n 个组分，即可在 n 个适当长波进行 n 次吸光度测定，然后解 n 元联立方程，可求算出各个组分的含量。现以简单的二元组分混合物为例，若测定时用 1cm 比色皿，从下列方程组可求得 a、b 二元组分的浓度 C_a 和 C_b。

$$\begin{cases} A_{\lambda1}^{a+b} = A_{\lambda_1}^2 + A_{\lambda1}^b = \varepsilon_{\lambda1}^a \cdot C_a + \varepsilon_{\lambda1}^b C_b \\ A_{\lambda2}^{a+b} = A_{\lambda_2}^2 + A_{\lambda2}^b = \varepsilon_{\lambda2}^a \cdot C_a + \varepsilon_{\lambda2}^b C_b \end{cases}$$

式中，$A_{\lambda_1}^{a+b}$、$A_{\lambda_2}^{a+b}$ 为所选两个波长下的测定值；λ_1、λ_2 一般选各组分的最大吸收波长。$\varepsilon_{\lambda1}^a$ $\varepsilon_{\lambda1}^b$ $\varepsilon_{\lambda2}^a$ $\varepsilon_{\lambda2}^b$ 依次代表组分 a 和 b 分别在 λ_1 及 λ_2 处的摩尔吸光系数，可用已知浓度的 a、b 组分溶液分别测定，测定各 ε 值时最好采用标准曲线法，以标准曲线的斜率作为 ε 值较准确。

本实验测定 Co^{2+} 及 Cr^{3+} 的有色混合物的组成。

三、仪器及试剂

（一）仪器

7220 型分光光度计

容量瓶　25mL　9 个

吸量管　10mL　3 支

（二）试剂

$30\mu g \cdot mL^{-1} K_2Cr_2O_7$ 溶液

$0.350 mol \cdot L^{-1} Co(NO_3)_2$ 标准溶液

$0.100 mol \cdot L^{-1} Cr(NO_3)_2$ 标准溶液

四、实验步骤

1. 比色皿间读数误差检验。在一组 1cm 比色皿中加入浓度为 $30\ \mu g \cdot mL^{-1}$ 的 $K_2Cr_2O_7$ 溶液，选其中透光度最大的比色皿为参比，测定并记下其它比色皿的透光度值，要求各比色皿间透光度差不超过 0.5%。

2. 溶液的配制。取 4 个 25mL 容量瓶，分别加入 2.50、5.00、7.50、10.00mL $0.350 mol \cdot L^{-1}$ 的 $Co(NO_3)_2$ 溶液，另取 4 个 25mL 容量瓶，分别加入 2.50、5.00、7.50、10.00mL $0.100 mol \cdot L^{-1}$ 的 $Cr(NO_3)_3$ 溶液。用水稀释至刻度，摇匀。

另取一个 25mL 容量瓶，加入未知试样溶液 10.00mL，用水稀释至刻度，摇匀。

3. 波长的选择。分别取含有 $Co(NO_3)_2$ 标准溶液 5.00mL 及含 $Cr(NO_3)_3$ 标准溶液 5.00mL 的两个容量瓶的溶液测绘吸收曲线。用 1 cm 比色皿，以去离子水为参比溶液，从 420mm 到 700mm，每隔 20nm 测一次吸光度，吸收峰附近应多测几点。将两种溶液的吸收曲线绘在同一坐标系内，根据吸收曲线选择最大吸收峰的波长 λ_1 和 λ_2。

4. 吸光度的测量。用去离子水做参比液，使用检验合格的一组 1cm 比色皿，在波长 λ_1 及 λ_2 处，分别测量上述配制好的 9 个溶液的吸光度。

五、数据记录

1. 数据记录

仪器型号＿＿＿＿＿＿＿

比色皿厚_____

比色皿间透光最大差值_____。

〔1〕不同波长下 Co^{2+} 溶液吸光度

λ , nm	420	440	460	480	500	505	510	515	520
A									
λ , nm	540	560	580	600	620	640	660	680	700
A									

〔2〕不同波长下 Cr^{3+} 溶液吸光度

λ , nm	420	440	460	480	500	520	540	560	565
A									
λ ,nm	570	575	580	600	620	640	660	680	700
A									

〔3〕摩尔吸光系数测定

标准溶液	$Co(NO_3)_2$. $0.350mol \cdot L^{-1}$				$Cr(NO_3)_3$. $0.100mol \cdot L^{-1}$			
取样量，mL	2.50	5.00	7.50	10.00	2.50	5.00	7.50	10.00
稀释后浓度，$mol \cdot L^{-1}$								
A（λ_1）								
A（λ_2）								

〔4〕试样溶液中 Co^{2+} 和 Cr^{3+}

测定波长，nm	λ_1	λ_2
A_{Co+Cr}		

2. 绘制 Co^{2+} 和 Cr^{3+} 溶液的吸收曲线，选择测定波长 λ_1 及 λ_2。

3. 绘制 $Co(NO_3)_3$ 溶液分别在 λ_1 及 λ_2 处测得的标准曲线〔共四条〕。绘制时坐标分度的选择应使标准曲线的倾斜度在 45 左右。求出四条直线的斜率 $\varepsilon_{\lambda1}^{Co}$ $\varepsilon_{\lambda1}^{Cr}$ $\varepsilon_{\lambda2}^{Co}$ $\varepsilon_{\lambda2}^{Cr}$

4. 通过解方程组〔2-2〕，计算出试液中 Co^{2+} 和 Cr^{3+} 的浓度及试样原始浓度〔mol/L〕。

六、思考题

1. 同时测定两组分时，一般应如何选择波长？

2. 吸光系数和哪些因素有关？如何求得？

通过吸光系数的测定实验，在最大吸收波长处，验证吸光系数和浓度的关系。你如何判断测定浓度是否在线性范围？

实验二十 分光光度法测定样品中磷含量

一、目的要求

1. 掌握分光光度法测定磷的原理和方法。

2. 熟悉 7220 型分光光度计的使用方法。

二、实验原理

微量磷的测定，一般采用钼蓝法。此法是在含 PO_4^{3-} 的酸性溶液中加入（NH_4）$_2MoO_4$ 试剂，可生成黄色的磷钼酸，其反应式如下：

$$PO_4^{3-}+12MoO_4^{2-}+27H^+→H_7[P（Mo_2O_7）_6]+10H_2O$$

若以此直接分光光度法测定，灵敏度较低，适用于含磷量较高的试样。如在黄色溶液中加入适量还原剂，磷钼酸中部分正六价钼被还原生成低价的蓝色的磷钼蓝，提高了测定的灵敏度，还可消除 Fe^{3+} 等离子的干扰。经显色后可在 690nm 波长下测定其吸光度。含磷的质量浓度在 $1mg·L^{-1}$ 以下服从朗伯-比耳定律。

最常用的还原剂有 $SnCl_2$ 和抗坏血酸。用 $SnCl_2$ 作为还原剂，反应的灵敏度高、显色快。但蓝色稳定性差，对酸度、（NH_4）$_2MoO_4$ 试剂的浓度控制要求比较严格。抗坏血酸的主要优点是显色较稳定，反应的灵敏度高、干扰小，反应要求的酸度范围宽[$c（H^+）=0.48～1.44mol·L^{-1}$，以 $c（H^+）=0.8mol·L^{-1}$ 为宜]，但反应速率慢。为加速反应，可加入酒石酸锑钾，配制成（NH_4）$_2MoO_4$、酒石酸锑钾和抗坏血酸的混合显色剂（此称钼锑抗法）。本实验采用 $SnCl_2$.

SiO_3^{2-} 会干扰磷的测定，它也与（NH_4）$_2MoO_4$ 生成黄色化合物，并被还原为硅钼蓝。但可用酒石酸来控制 Mo_4^{2-} 浓度，使它不与 SiO_3^{2-} 发生反应。

该法可适用于磷酸盐的测定，还可适用于土壤、磷矿石、磷肥等全磷的分析。

三、实验用品

1. 仪器

7220 型分光光度计　　　　比色管（50mL）　吸量管（5mL，10mL）

2. 药品

（NH_4）$_2MoO_4$ - H_2SO_4 混合液　　　$SnCl_2$ - 甘油溶液　　　$5mg·L^{-1}$ 磷标准溶液

四、操作步骤

1. 工作曲线的绘制

取 6 个 50mL 比色管，编号。分别取 0.00，2.00，4.00，6.00，8.00，10.00mL $5mg·L^{-1}$ 磷标准溶液于上述 6 个比色管中，各加入约 25mL H_2O。然后再各加入 2.5mL （NH_4）$_2MoO_4$-H_2SO_4 混合试剂[①]，摇匀。然后各加入 4 滴 $SnSl_2$-甘油溶液[②]，用 H_2O 稀释至刻度，充分摇匀，静置 10～12min。

于 690nm 波长处，用 1.5cm 比色皿以空白溶液作参比，调节分光光度计的透光度为 100（吸光度为 0），测定各标准溶液的吸光度。

以吸光度 A 为纵坐标，磷的质量浓度 ρ（P）为横坐标，绘制工作曲线。

2. 试液中磷含量的测定

试液中磷含量的测定标准系列及被测样品配制

———————————

① （NH_4）$_2MoO_4$ - H_2SO_4 混合液：溶解 25g （NH_4）$_2MoO_4$ 于 200mL H_2O 中冷却的 280mL 浓 H_2SO_4 和 400mL H_2O 相混合的溶液中 并稀释至 IL。

② $SnCl_2$ - 甘油溶液：将 2.5g $SnCl_2·H_2O$ 溶于 100mL 甘油中，溶液可稳定数周。

序号　项目	1	2	3	4	5	6	7
加入磷标准溶液体积/mL	0.00	2.00	4.00	6.00	8.00	10.00	0.00
加入磷试液体积/mL	0.00	0.00	0.00	0.00	0.00	0.00	10.00
加入去离子水体积/mL	25	23	21	19	17	15	15
加入（NH$_4$）$_2$MoO$_4$ - H$_2$SO$_4$ 体积/mL	2.50	2.50	2.50	2.50	2.50	2.50	2.50
摇匀后加 SnCl$_2$ - 甘油溶液滴数	4	4	4	4	4	4	4
以下步骤	定容，摇匀，静置 10～20min，测定						

取 10.0mL 试液于 50mL 比色管中，与标准溶液相同条件下显色，并测定其吸光度。从工作曲线上查出相应磷的含量，并计算原试液的质量浓度（单位为 mg·L^{-1}）

1、2 步骤可按下表顺序同时进行。

五、数据处理

分光光度法测定磷含量

序号　量/单位	标1	标2	标3	标4	标5	试液
ρ（P）/mg·L^{-1}						
吸光度（A）						

原试液 ρ（P）=　　　　　　　　　　mg·L^{-1}

六、思考题

1. 测定吸光度时，应根据什么原则选择某一厚度的吸光池？

2. 空白溶液中为何要加入同标溶液及未知溶液同样量的（NH$_4$）$_2$MoO$_4$ - H$_2$SO$_4$ 混合液和 SnCl$_2$-甘油溶液？

3. 本实验使用的（NH$_4$）$_2$MoO$_4$ 显色剂的用量是否要准确加入过多过少对测定结果是否有影响？

实验二十一　叶绿素含量的测定〔比色法〕

一、实验目的

1. 掌握比色法测定蔬菜中的叶绿素的原理和方法。

2. 熟悉 7220 型分光光度计的使用方法。

二、实验原理

叶绿素的分子结构是由四个吡咯环组成的一个卟啉环，此外还有一个叶绿醇的侧键，由于分子具有共轭结构，因此可吸收光能。叶绿素是脂类化合物，所以它可溶于丙酮、石油醚等有机溶剂，用有机溶剂提取的叶绿素可在一定波长下测定叶绿素溶液的吸光度值，利用公式计算叶绿素含量。

根据叶绿素对可见光的吸收光谱，利用分光光度计在某一特定波长下测定其吸光度值，然后用公式计算叶绿素含量。光吸收定律： $A=Kcb$

已知叶绿色素 a、b 在红光区的最大吸收峰分别位于 663nm 和 645nm，又已知在波长 663nm 下，叶绿素 a、b 在 80%丙酮溶液的比吸收系数分别为 82.04 和 9.27，在波长 645nm 下分别为 16.75 和 45.6，因此列出下列关系：

$$A_{663}=82.04C_a+9.27C_b \qquad A_{645}=16.75C_a+45.06C_b$$

解方程并转成 $mg \cdot l^{-1}$ 单位得： $C_a=12.7A_{663}-2.54A_{645}$ $C_b=22.9A_{645}-4.67A_{663}$

叶绿素总量 $C_T=C_a+C_b=20.3A_{645}+8.03A_{663}$

另外，由于叶绿素 a、b 在 652nm 处有相同的比吸收系数（34.5），也可以在次波长下测定一次吸光度（A_{652}）而求出叶绿素总量：

$$c_T（mg \cdot L^{-1}）=A_{652} \times 1000/34.5$$

三、材料、仪器与试剂

1. 材料：菠菜叶片

2. 仪器：分光光度计、天平、具塞刻度试管〔15mL〕，研钵、漏斗、滴管、滤纸、试管架。

3. 试剂：丙酮、$CaCO_3$。

四、实验步骤

1. 平行取至少 3 个样品、剪碎、混均，然后称取新鲜样品 0.1g。

2. 样品置研钵中，加少量 $CaCO_3$ 及 0.5mL 纯丙酮研磨成匀浆，再加入 80%丙酮 10mL 继续研磨至样品组织变白色。

3. 取滤纸一张，放入漏斗中用 80%丙酮冲洗研钵数次，最后连残渣一起倒入漏斗。

4. 用吸管吸取 80%丙酮，一滴滴的将滤纸上的叶绿素提取液全部吸入量瓶内，直到滤纸和残渣中无绿色为止，最后用 80%丙酮定容至 50mL。

5. 将叶绿素提取液倒入 1cm 的比色皿中，在 645、652、663nm 下测定吸光度值，以 80%丙酮为空白对照。

6. 按公式分别计算叶绿素 a、b 的浓度（$mg \cdot L^{-1}$），并相加即得总浓度，也可按公式直接计算叶绿素总浓度。

7. 求得叶绿素浓度后再按下式计算叶片的叶绿素含量。

$$叶绿素含量（鲜重）\% = \frac{c(mg \cdot L^{-1}) \times 提取液总量 \times 100}{样品鲜重（mg） \times 1000}$$

五、注意事项

叶绿素是一种极不稳定的化合物，它能被活细胞中的叶绿素酶水解，脱去叶醇基，转变为叶绿酸。光照和高温都会使叶绿素发生氧化和分解，因此在分离提取叶绿素的过程中，必须注意控制这些因素。

1. 为避免叶绿素的分解，操作应在弱光下进行，研磨时间尽可能短，不超过 2 分钟。以防止叶绿素的破坏。

2. 对分光光度计的精密度要求较高，使用前须校正。

六、实验结果：

波长（nm）	645	652	663
A（样品1）			
A（样品2）			
A（样品3）			

叶绿素 a 的浓度（平均值 mg·L^{-1}）=

叶绿素 b 的浓度（平均值 mg·L^{-1}）=

叶绿素含量（鲜重 平均值）%=

七、误差分析

实验二十二　　饮料中咖啡因的测定（紫外光谱法）

一、实验目的：

1. 掌握紫外分光光谱法测饮料中的咖啡因的原理和方法。

2. 熟悉紫外分光光度计的使用方法。

二、实验原理

咖啡因的三氯甲烷熔液在 276.5nm 波长下有最大吸收，其吸收值的大小与咖啡因浓度成正比，从而可进行定量。

三、试剂、仪器（所用试剂均为分析纯试剂，实验用水为去离子水）

1. 三氯甲烷（分析纯）

2. 1.5%（m/V）高锰酸钾溶液：称取 1.5g 高锰酸钾，用水溶解并稀释至 100mL。

3. 15%〔V/V〕磷酸溶液：吸取 15mL 磷酸置于烧杯中，加水 85mL，混匀。

4. 20%〔m/V〕氢氧化钠溶液：称取 20g 氢氧化钠，用水溶解，冷却后稀释至 100mL。

5. 咖啡因标准储备液（0.5mg·mL^{-1}）：称取咖啡因标准品（含量 98.0%）0.0500g，用三氯甲烷溶解后，稀释并定容至 100mL。（置于冰箱中保存）

6. 亚硫酸钠和硫氰酸钾混合溶液：称取 10 克无水亚硫酸钠（Na_2SO_3），用水稀释至 100mL，另取 10 克硫氰酸钾，用水溶解并稀释至 100mL，然后二者均匀混合。

7. 紫外分光光度计。

四、分析步骤

1. 样品处理：

可乐型饮料：分别在 3 个 250mL 的分液漏斗中，平行准确移取 10.0～20.0mL 经超声脱气后的均匀可乐型饮料样品 3 份，分别加入 1.5%高锰酸钾 5mL，摇匀，静置 5min，加入亚硫酸钠和硫氰酸钾混合溶液 10mL，摇匀，加入 15%磷酸溶液 1mL，摇匀，再加入 20%氢氧化钠溶液 1mL，摇匀，加入 50mL 三氯甲烷，振摇 100 次，静置分层，收集三氯甲烷（无色层）。水层再加入 40mL 三氯甲烷，振摇 100 次，静置分层，合并二次萃取液，并用三氯甲烷定容至 100mL（容量瓶必须保证无水），摇匀，备用（此时，应有 3 个平行处理完成的样品）。

2. 标准曲线的绘制

标准曲线的绘制（数据见下表-数据记录、处理部分）：分别移取咖啡因标准储备液不同的体积（mL），稀释（用三氯甲烷），配成标准系列，以纯三氯甲烷作参比，调节仪器的吸光度为零，用 1.0cm 比色皿于 276.5nm 下测量吸光度值，做标准曲线或求出直线回归方程。

3. 样品的测定

在 3 个 25mL 比色管中分别加入 5g 无水硫酸钠，倒入 20mL 处理过的样品（三氯甲烷制备液），摇匀，静置。将澄清的样品液置于 1.0cm 比色皿中，在测定标准曲线的相同分析条件下，测定吸光度值，根据标准曲线（或直线回归方程）求出样品中咖啡因浓度 c（$\mu g \cdot mL^{-1}$）。

五、实验数据记录、结果计算：

1. 标准曲线：（配制标准系列的总体积 50mL-即使用 50mL 比色管）

标准系列溶液浓度（$\mu g \cdot mL^{-1}$）	0.00	5.00	10.00	15.00	20.00
吸取标准储备液的体积（mL）	0.00	0.50	1.00	1.50	2.00
加入三氯甲烷的体积（mL）	50.00	49.50	49.00	48.50	48.00
测得的吸光度值（A）					
样品号	1		2		3
样品测得的吸光度值（A）					
曲线中查出样品中咖啡因含量（mg·L⁻¹）					
可乐型饮料中咖啡因含量（mg·L⁻¹）					
样品中咖啡因含量的平均值（mg·L⁻¹）					

3. 计算公式：

$$可乐型饮料中咖啡因含量（mg \cdot L^{-1}）= \frac{c_x(\mu g \cdot mL^{-1}) \times 100(mL)}{V_{样品}(mL)}$$

注：c_x—曲线中查出的浓度；

$V_{样品}$—样品取样量（mL）。

注意：在本实验条件下：本法仪器检出限为 $0.2\mu g \cdot mL^{-1}$，方法检出限可乐型饮料为 $3mg \cdot L^{-1}$。标准曲线线性范围：$0.0 \sim 30.0\mu g \cdot mL^{-1}$。相关系数：0.999 方法回归率：$90.1 \sim 101.8\%$。相对标准偏差：小于 4.0%。

允许差：同一实验室平行测定或重复测定结果的相对偏差绝对值可乐型饮料为 10%。

六、误差分析

实验二十三 维生素 C 含量的测定（紫外快速测定法）

一、实验目的：

1. 掌握紫外分光光谱法快速测定果蔬中的维生素 C 的原理和方法。
2. 加深紫外分光光度计的使用方法应用。

二、实验原理：

维生素 C 的 2，6 - 二氯酚靛酚容量法，操作步骤较繁琐，而且受其它还原性物质，样品色素颜色和测定时间的影响。紫外快速测定法，是根据维生素 C 具有对紫外产生吸收和对碱不稳定的特性；于 243nm 处测定样品液与处理样品两者吸光度值之差，通过查标准曲线，即可计算样品维生素 C 的含量。

三、材料、仪器与试剂

1. 材料：各种水果蔬菜、果汁及饮料。
2. 仪器：紫外分光光度计、离心机、分析天平、容量瓶（10mL，25mL）、移液管（0.5mL、1.0mL）、吸管、研钵。
3. 试剂
（1）10%盐酸：取浓盐酸 133mL，加水稀释至 500mL。
（2）1%盐酸：取浓盐酸 22mL，加水稀释至 100mL。
（3）1mol·L^{-1}氢氧化钠溶液：

四、操作步骤

（一）标准曲线的制作

1. 抗坏血酸标准溶液的配制：用分析天平准确称取抗坏血酸 10mg，加 2mL 10%盐酸，加去离子水定容至 100mL，混匀，此抗坏血酸溶液的浓度为 100μg·mL^{-1}。

2. 取带塞刻度试管 8 支并编号，分别按表内所规定的量加入抗坏血酸标准溶液和去离子水。

试管号	1	2	3	4	5	6	7	8
标准抗坏血酸溶液加入体积（mL）	0.10	0.20	0.30	0.40	0.50	0.60	0.70	0.80
去离子水加入体积（mL）	9.90	9.80	9.70	9.60	9.50	9.40	9.20	9.00
总体积（mL）	10.00	10.00	10.00	10.00	10.00	10.00	10.00	10.00
抗坏血酸溶液浓度（μg·mL^{-1}）	1.00	2.00	3.00	4.00	5.00	6.00	7.00	8.00
标准溶液的吸光度值 A								

3. 吸光度值的测定：以去离子水为空白，在 243nm 处测定标准系列抗坏血酸溶液的吸光度值，以抗坏血酸溶液浓度（μg·mL^{-1}）为横坐标，以相应的吸光度值为纵坐标作标准曲线。

（二）样品的测定

1. 样品的提取：将果蔬样品洗净、擦干、切碎、混匀。称取 5.00g 于研钵中，加入 2～5mL 1%盐酸，匀浆，转移到 25mL 容量瓶中，稀释至刻度。若提取液澄清透明，则可直接取样测定，若有浑浊现象，可通过离心（1000g，10min）来消除。

2. 样品的测定：取 0.1～0.5mL 提取液，放入盛有 0.2～1.0mL 10%盐酸的 25mL 容量瓶中，用去离子水稀释至刻度后摇匀。以去离子水为空白，在 243nm 处测定其吸光度值。

3. 待测碱处理液的制备：分别吸取 0.1～0.5mL 提取液，5mL 去离子水和 0.6～2.0mL lmol·L^{-1}氢氧化钠溶液依次放入 25mL 容量瓶中，混匀，15min 后加入 0.6～2.0mL 10%盐酸，混匀，并定容至刻度。以去离子水为空白，在 243nm 处测定其吸光度值。

4. 由待测样品与待测碱处理样品的消光值之差和标准曲线，即可计算出样品中维生素 C 的含量。

5. 也可直接以待测碱处理液为空白，测出待测液的吸光度值，通过查标标准曲线，计算出样品的维生素 C 的含量。

样品号	1	2	3
待测样品处理液的吸光度值（A$_1$）			
待测碱处理液的吸光度值（A$_2$）			
待测样品与待测碱处理样品的吸光度值之差（ΔA）			
以待测碱处理液为空白的吸光度值（A）			
标准曲线上查得的抗坏血酸的浓度（μg·mL^{-1}）c$_{查表}$			
V$_C$ 的含量（μg·g^{-1}）			
V$_C$ 含量的平均值（μg·g^{-1}）			

五、计算：V$_C$ 的含量（μg·g^{-1}）$= \dfrac{c_{查表} \times 25 \times 25}{V_{样品} \times W_{样品}}$

式中：$c_{查表}$—从标准曲线上查得的抗坏血酸的浓度（μg·mL^{-1}）

$V_{样品}$ — 移取样品提取液的体积（mL）

$W_{样品}$—称样重量（g）

六、误差分析

第二节 原子光谱分析法

实验二十四 火焰光度法测定饮料中钾、钠

一、实验目的

1. 学习和熟悉火焰光度法测定饮料中 K、Na 的方法
2. 加深对火焰光度法原理的理解
3. 了解火焰光度计的结构及使用方法

二、实验原理

火焰光度法是以火焰为激发光源的原子发射光谱法。它将试样溶液以气溶胶的形式，用喷雾的方法引入火焰中，用火焰的热能将试样元素原子化，并激发出它的特征光谱。然后在利用光电检测系统测量待测元素特征光谱的强度，此发射光谱的强度 I 与待测元素浓度 c 之间，可用罗马金公式表示：

$$I = ac^b$$

式中：a——是与元素的激发电位、激发温度及试样组成等有关的系数；

　　　b——是谱线的自吸系数。

当实验的条件固定时，各次测量的 a 应为一稳定的常数。当 c 值很小时，b 趋近于1。故上式可改写为

$$I = ac$$

通过测量待测元素特征长谱线的强度，可利用该式进行定量分析。

在火焰激发下，K 原子发射 766.8nm 的谱线，Na 原子发射 589.0nm 的谱线，分别测量这两条谱线的相对强度，利用标准曲线法可进行 K、Na 的定量测定。

三、主要仪器及试剂

（一）仪器

6400 型（或其他型号）火焰光度计　　　　　可调温电热板　　　　　曲颈小漏斗
吸量管（5mL,10mL）　　　容量瓶或比色管（50mL）　　　烧杯（100mL，250mL）
聚乙烯试剂瓶（500mL）　　　分析天平

（二）药品

（1）钾、钠标准溶液：分别准确快速称取经 500℃灼烧的氯化钾 0.1907g、氯化钠 0.2542g，分别溶于去离子水中，且都定容为 1000mL，两种溶液含钾、钠的浓度均为 100 μg·mL^{-1}。

（2）测定钾用的缓冲溶液：将分析纯氯化钠、氯化镁、氯化钙溶于去离子水中，并分别使它们达到饱和。

（3）测定钠用的缓冲溶液：用分析纯氯化钾、氯化镁、氯化钙如上法配制。

四、实验步骤

1. 测定钾

（1）取 6 个 50mL 容量瓶，分别加入钾标准溶液（mL）0.00，0.50，1.00，1.50，2.00，2.50，然后都加入测定钾用的缓冲溶液，用去离子水稀释至刻度并摇匀。此时这些溶液中钾的浓度（μg·mL^{-1}）分别是 0.0，1.0，2.0，3.0，4.0，5.0。待做工作曲线用。

（2）取 10.00mL 饮料样品（根据饮料中钾的含量可适当增减取样量），用少量盐酸酸化，煮沸以除去二氧化碳，冷却后转入 50mL 容量瓶中，加入 2.00mL 测钾缓冲溶液，用去离子水稀释至刻度并摇匀，待测。

（3）将仪器装好钾滤光片和光电池并正确接好检流计，启动仪器并调好气流量，立即点燃火焰预热一段时间后，将光圈开至合适位置，用空白溶液喷入火焰，调整检流计零点，然后喷浓度最大的标准溶液，调整仪器使之有一较大读数，反复调整好后，依次喷入标准系

列溶液和试液，分别记录下检流计读数。

（4）以测得的标准系列溶液的读数对其浓度做工作曲线，然后由测得的试液的读数从工作曲线上查出试液中钾的浓度，再根据取样量及稀释倍数计算出饮料样品中钾的浓度和含量。

2. 钠的测定

测定钠时基本同上，只是用钠的滤光片和测钠缓冲液。对含钠高的饮料，可减少取样量或增加稀释倍数，若仪器对钠的灵敏度不够，可适当增加标准系列溶液的浓度。

五、用标准加入法进行测定

可由学生自行拟定分析步骤，确定所加入标准溶液的浓度及加入量等，并用工作曲线法测得的结果进行比较。

六、数据处理

以浓度为横坐标，以 K、Na 的发射强度为纵坐标，分别绘制 K、Na 的标准曲线。由未知试样的发射强度求出样品中的 K、Na 含量（可用质量分数 w 表示）

七、思考题

1. 火焰光度计中的滤光片有什么作用？
2. 如果标准系列的溶液浓度范围过大，则标准曲线中会弯曲，为什么会有这种情况？
3. 实验中为什么要加缓冲液？它起什么作用？若不加对结果及灵敏度有什么影响？
4. 若用基体一致的空白溶液喷入火焰后，不把检流计调到零点而调到某一较小固定值上，这样可以进行定量分析吗？若可以，应怎样制作工作曲线？测得的试液的读数应怎样处理？这时对分析结果有没有影响？
5. 根据实验数据证明，测定钾和钠的灵敏度那个高？并从理论上解释。
6. 测定前为什么用空白溶液和浓度最大的标准溶液调整检流计读数？

实验二十五　原子吸收分光光度法测定水中的镁

一、实验目的：

1. 学习和掌握原子吸收分光光度法进行定量分析的方法。
2. 学习和了解原子吸收分光光度计的基本结构和使用方法。

二、实验原理：

原子吸收分光光度法是基于物质所产生的原子蒸气对特定谱线（即待测元素的特征谱线）的吸收作用进行定量分析的方法。该法的特点决定其为测定微量元素的首选定量分析方法。一般情况下，其相对误差约为 1%～2% 之间，可用于 70 余种元素的微量测定。

若使用锐线光源，待测组分为低浓度的情况下，基态原子蒸气对共振线的吸收符合下式：

$A = \lg \dfrac{1}{T} = \lg \dfrac{I_o}{I} = alN_0$ 式中：A-吸光度；T-透光度；I_o-入射光强度；I-经原子蒸气吸收后的透

过光强度；a-比例系数；l-样品的光程；N_0-基态原子数目。

当用于试样原子的火焰温度低于 3000K 时，原子蒸气中基态原子数目实际上非常接近原子的总数目。在固定的实验条件下，待测组分原子总数与待测组分浓度的比例是一个常数，因此定量公式为： $A = kcl$

定量方法可用标准加入法或标准曲线法。

实验测定水中 Mg 的含量，测定波长选用 285.2nm 或 202.5nm。

二、仪器及试剂

（一）仪器：

原子吸收分光光度计　乙炔钢瓶和无油空气压缩机或空气钢瓶聚乙烯试剂瓶（500mL）吸量管（5mL, 10mL）容量瓶（50mL，500mL）烧杯（200mL）

（二）药品：

（1）$1.00g \cdot L^{-1}$ Mg 贮备标准液：称取 1.0270g　$MgSO_4 \cdot 7H_2O$（分析纯）溶解后，加去离子水稀释并定容 100mL，将此溶液转移至聚乙烯试剂瓶中保存。

（2）$50mg \cdot L^{-1}$ Mg 的工作标准溶液：移取 2.50mL Mg 的贮备标准液于 50mL 容量瓶中，加去离子水稀释并定容。

三、操作步骤

1. 原子吸收分光光度计操作步骤

打开电脑—打开主机电源—双击图标 ⬛ 进行自检—等自检完成后进行元素灯选择—根据向导提示进行寻峰操作。

火焰法：点击 ⬛ 图标设置样品—点击 ⬛ 图标进行参数设置—点击 **仪器(I)** 中的**燃烧器参数(F)**.进行原子化器位置的调整—打开空气压缩机电源（压力 0.25-0.3MPa）—打开乙炔气瓶开关（压力调节到 0.06MPa 左右）—点击图标 ⬛—点击 ⬛ 图标进行能量自动平衡。点击 ⬛ —点击 ⬛ 图标开始测量。测量结束后依次关闭乙炔，空压机，关闭主机。

石墨炉法：打开石墨炉电源—打开氩气（压力 0.6-0.8MPa）--点击 ⬛ 图标设置样品—点击 ⬛ 图标进行参数设置—点击 **石墨管** 炉体打开后，安装石墨管，装好后点击 ▭确定▭ 关闭炉体—点击 **仪器(I)** 中的 **原子化器位置(F)** 进行原子化器位置的调整—点击 ⬛ 图标调整能量—打开冷却水--点击 ⬛ 设置升温程序--点击 ⬛ 空烧三次后，点击 ⬛ 开始测量。测量结束后依次关闭冷却水，氩气，石墨炉电源，关闭主机。

2. 标准系列溶液的配制：分别移取不同量的 Mg 的工作标准溶液置于 50mL 容量瓶中（移取量见表格），加去离子水稀释并定容。

3. 未知试样溶液的配制：平行移取 3 份各 10.00mL 自来水于 50mL 容量瓶，加去离子水稀释并定容。

4. 标准加入法工作溶液的配制：在 4 个 50mL 容量瓶中，各加入 5.00mL 自来水，然后依次加入一定量的 Mg 的标准溶液，加去离子水稀释并定容。

5. 测量：按照测量条件点火，并测定吸光度值，记录数据（用去离子水作参比）。根据测量数据计算水样中 Mg 的含量。

四、数据处理

1. 标准曲线法：

移取 Mg 的工作标准溶液量（mL）	1.00	2.00	3.00	4.00	5.00
稀释后溶液中 Mg 的浓度（$mg \cdot L^{-1}$）					
A					

测水样：

水样	1	2	3
测定 A			
标准曲线中查出的浓度（$mg \cdot L^{-1}$）			
水样中 Mg 的含量			
水样中 Mg 含量的平均值			

2. 标准加入法：

容量瓶号	1	2	3	4
水样量（mL）	5.00	5.00	5.00	5.00
加入 Mg 的工作标准溶液量（mL）	0.00	1.00	2.00	3.00
A				

3. 比较两种测定方法：比较两种方法所得结果，并用误差表示。

五、误差分析

六、思考题

1. 原子吸收光谱的理论依据是什么？
2. 标准加入法测定自来水中的 Mg 时,为什么可以将工作曲线外推以此求 Mg 的含量？

实验二十六　原子吸收法测定头发中的锌量

一、目的要求

1. 进一步熟悉和掌握原子吸收分光广度法的原理及应用。
2. 学习和掌握样品的湿消化或干灰化技术，掌握标准曲线法进行定量分析测定元素含量的操作。
3. 进一步熟悉和掌握原子吸收分光光度计的使用方法。
4. 测定头发中锌的含量。

二、实验原理

Zn 广泛分布于有机体的所有组织中，是多种与生命活动密切相关的酶的重要成分。如醇脱氢酶、碳酸酐酶等。Zn 是叶绿体内碳酸酐酶的组成成分，能促进植物的光合作用，Zn 对许多植物，特别是玉米、柑桔和油桐的生长发育和产量有着重大的影响。当土壤中有效 Zn 低于 $1mg \cdot Kg^{-1}$（水浸提）时，施用 Zn 肥有良好的增产效果等。如果儿童缺锌，则会引起智力的延缓发育基骨骼的生长缓慢，成年人体内缺锌会引起失眠症。

头发主要由角蛋白组成，但也含有各种痕量元素，如锌、铅、钙、锰、铜、铁、砷等。头发中含有的痕量元素的量，体现了头发生长过程中吸收的这些元素的量。通过检测这样痕量元素的量，可以了解人体中微量元素的状况。头发中的锌含量适于用原子吸收分光光度法测量，它是基于物质对紫外－可见光吸收所建立的分析方法，属成分分析法。操作特点：快速、灵敏、准确、选择性好等优点。

原子吸收是一个受激跃迁的过程，将含有待测元素的试液经火焰原子化法和无火焰原子化法使待测元素原子化，解离成基态原子蒸气。待测元素的空心阴极灯发射的某一特征波长的光通过原子蒸气时，受到原子外层电子的选择性吸收，使得透过原子蒸气的入射光的强度减弱，其减弱程度与原子中含有的该元素的量成正比。当实验条件一定时，原子蒸气中的该元素的含量与待测试液中的该元素的浓度成正比，即入射光被吸收的程度与试样中该元素的浓度成正比。

$$A = Kc$$

式中：A——吸光度；　　K——一定条件下的常数；　　c——样品溶液中该元素的浓度。

人和动物的毛发，用湿消化法和干灰化法处理溶液后，溶液对 213.9mm 波长光（Zn 元素的特征谱线）的吸光度与毛发中 Zn 的含量呈线性关系，因此，可用标准曲线法测定毛发中 Zn 的含量。

三、实验仪器材料、试剂

（一）仪器

原子吸收分光光度计、　　吸量管（5mL）　　乙炔钢瓶、　　无油空气压缩机或空气钢瓶　聚乙烯试剂瓶（500mL）　　高温电炉　　锌的空心阴极灯　　烧杯（200mL）　　容量瓶（50mL，500mL）

湿灰化法：锥形瓶（100mL）　　曲颈小漏斗

干灰化法：瓷坩埚（30mL）

（二）试剂

（1）$1.000g \cdot L^{-1}$Zn 贮备标准溶液：称取 0.6250g ZnO，溶于约 50mL H_2O 及 0.5mL 浓 H_2SO_4 中，移入 500mL 容量瓶，用 H_2O 稀释至刻度，摇匀，转入聚乙烯试剂瓶中贮存。

（2）$10mg \cdot L^{-1}$Zn 的工作标准溶液：取 5.0mL Zn 的贮备标准液置于 50mL 容量瓶中，用去离子水定容，得浓度为 $10mg \cdot L^{-1}$ 的 Zn 的工作标准溶液。

（3）HCl 溶液，1%和 10%，干灰化法用。

（4）HNO_3–$HClO_4$ 混和溶液：浓 HNO_3（d＝1.42）–$HClO_4$（60%）以 4:1 的比例混和而成，

湿消化法用。

四、操作步骤

1. 样品的采集与处理

用剪刀取 1~2g 近头皮 1~3cm 处的发样，剪碎至 1cm 左右，于烧杯中用普通洗发剂浸泡 2min，然后用自来水冲洗至无泡，通常洗 2~3 次，以确保发样上无洗发剂、污垢和油腻。最后，发样用去离子水冲洗三次，晾干，置于烘箱中，在 80℃ 的条件下，干燥至恒重（约 6~8h）。

准确称取 0.1000g 试样置于 100mL 锥形瓶中，加入 5mL 4:1HNO$_3$–HClO$_4$ 混和溶液，上加上弯颈小漏斗，于电炉上加热消化，温度控制在 140~160℃，待到约剩 0.5mL 清亮液体时，冷却，以去离子水定容成 50.0mL，待测。

2. 标准系列溶液的配制

在五个 50mL 的容量瓶中，分别加入 1.00mL，2.00mL，3.00mL，4.00mL，5.00mL Zn 的工作标准溶液，加去离子水稀释至刻度，摇匀。

3. 测量

按原子吸收分光光度计中的仪器操作步骤开动仪器，根据测定条件设定的各项参数：测定波长为 213.9mm，空心阴极灯的灯电流 3mA，灯高 4 格，光谱通带（单色器道宽）0.2mm，空气－乙炔贫燃火焰的燃助比为 1:4。待火焰稳定后，喷入空白溶液，进行仪器零点调节。用去离子水调节仪器的吸光度为 0，按由稀到浓的顺序测定标准系列溶液，读出吸光度值，然后，用空白溶液清洗，调零。进行未知样的测定，记录吸光度数值。

五、数据处理

1. 绘制标准曲线，求出毛发中 Zn 的含量。

用 Zn 的标准系列溶液的吸光度绘制标准曲线，以测定的标准系列溶液的吸光度为纵坐标，浓度为横坐标，由工作曲线测定未知样中锌的含量。由此计算出头发中的 Zn 的含量。

2. 根据测定结果进行判断

由正常人发 Zn 的含量范围，判断提供发样的人是否缺 Zn 或者生活在 Zn 污染区中？

六、思考题

1. 原子吸收分光光度法的基本原理是什么？此分析方法有何优缺点？

2. 当待测试样的吸光度超出配制的标准如溶液的最大吸光度值时，要使其吸光度数值位于标准溶液系列的吸光度值之间，如何处理？

3. 原子吸收分光光度法中，吸光度与样品浓度之间有什么样的关系？当浓度较高时，一般会出现什么情况？

4. 测头发中锌含量具有什么实际意义？

第六章　电化学分析法实验

实验二十七　溶液 pH 值的测定

一、目的要求

1. 掌握电位法测定溶液 pH 的原理和方法。
2. 学习酸度计的使用方法。

二、实验原理

pH 值是溶液中 H^+ 活度（实际浓度）的负对数，其大小说明了样品的酸碱性。电化学法是将一只能指示溶液 pH 值的玻璃电极做指示电极，用甘汞电极做参比电极并组成一个电池，侵入被测试液中，此时所组成的电池将产生一个电动势，电动势的大小与溶液中的氢离子浓度，即与 pH 值存在的线性关系。每相差 1 个 pH 值单位，就产生 59.1mV 的电极电位。pH 值可在仪器的数字显示屏上直接读出（现在常用的是玻璃甘汞复合电极）。

在实际工作常用酸度计直接测定溶液 pH 值时，必须预先用已知 pH 值的标准缓冲溶液进行校正，即利用酸度计测定溶液的 pH 值时，选用标准缓冲溶液的 pH 与待测溶液的 pH 值相接近来校准仪器，清除不对称电位等因素的影响。

常用的标准缓冲溶液有：酒石酸氢钾饱和溶液（pH=3.56,25℃）；$0.05mol·L^{-1}KHC_8H_4O_4$（pH=4.00，20℃）；$0.025mol·L^{-1}KH_2PO_4-Na_2HPO_4$（pH=6.86，20℃）；$0.01mol·L^{-1}Na_4B_2O_7$（pH=9.23,20℃）

三、实验仪器材料、试剂

（一）仪器
PHSJ-4 型酸度计一台；E-201-C9 塑壳可充式复合电极；50mL 烧杯 4 个；10mL 吸量管 2 个；滤纸；洗瓶一个。

（二）材料
各种果汁或蔬菜、水果等。

（三）试剂
pH=（1.68，4.01，6.86，9.22）标准缓冲液（按缓冲液袋上的说明配制）。

四、操作步骤

1. 样品制备：①鲜样：平行取样 3 份，将水果或蔬菜压榨后，取其压榨液直接进行测定。②果汁：直接平行取样 3 份，分别进行测定。
2. pH 计的校正：按仪器说明书，用标准缓冲溶液对仪器进行校正。
3. 测定：①用去离子水清洗电极及烧杯，用滤纸或镜头纸擦干电极后，将电极及温度测试棒插入样品液中，轻轻摇动烧杯使溶液均匀。②读出样品液的 pH 值并记录数据。③测量完成后，将电极及烧杯洗净，放回原处。

注意事项：

保护电极。混合溶液要摇匀。

五、实验数据记录

	测定数据	平均值
pH 值（样品 1，温度℃）		
pH 值（样品 2，温度℃）		
pH 值（样品 3，温度℃）		

六、误差分析

七、思考题

1. 电位法测量溶液 pH 值的原理是什么？
2. 应用酸度计测量 pH 值时，为什么 必须使用标准溶液？
3. 使用和安装玻璃电极时应注意什么问题？

实验二十八　离子选择性电极测定水中的氟含量

一、实验目的

1. 了解用 F⁻离子选择性电极测定水中微量氟的原理和方法。
2. 了解总离子强度调节缓冲溶液的意义和作用。
3. 掌握用标准曲线法测定水中微量 F⁻的方法。

二、实验原理

离子选择性电极是以电位法测量溶液中某些特定离子浓度的指示电极。氟离子选择性电极（简称氟电极）是对溶液中的氟离子有专属性的离子选择电极。

氟电极由 NaF_3 单晶敏感电极薄膜、内参比电极（Ag-AgCl 电极）和内参比溶液（$0.1mol \cdot L^{-1} NaCl$-$0.1mol \cdot L^{-1} NaF$ 溶液）组成。

氟电极与参比电极组成电池后，工作电池的电动势与离子活度的对数线性关系：

$$\varepsilon = K - \frac{2.303RT}{nF} \lg a(F^-)$$

测得电池电动势，即可求得 F⁻的活度〔或浓度〕。

待测溶液的离子强度对氟电极电位有影响，故测定时需在含 F⁻试液〔及标准溶液〕中加入惰性电解质，如 KNO_2、$NaCl$、$KClO_4$ 等，以控制总离子强度相同。

用氟电极测定 F⁻离子浓度时，最佳的 pH 范围为 5.5～8。pH 值过高时，NaF_3 单晶膜中的 F⁻能与溶液中的 OH⁻发生交换作用，使溶液中 F⁻浓度增加而影响氟电极的电位。因此测定时需要控制待测试液的 pH 值。此外，凡是能与 F⁻形成稳定配合物或难溶沉淀的元素，如 Al、Fe、Ca、Mg、稀土元素等干扰测定，在测定时应加入掩蔽剂〔如柠檬酸、EDTA 等〕掩蔽。

当 F⁻离子浓度在 $10^{-1} \sim 10^{-5} mol \cdot L^{-1}$ 范围内时，利用标准曲线法或标准加入法用氟电极直接测量。本实验采用的是标准曲线法。

三、仪器和试剂

（一）仪器

PHS-2 型酸度计〔或其它型号的精密酸度计〕一台；饱和甘汞电极一支；氟电极 CSB-F-1 型（或其它型号）一支；电磁搅拌器一台；10mL 量筒一个；100mL 塑料烧杯二只；50mL 容量瓶六个。

（二）试剂

（1）氟标准溶液〔$0.1 mol \cdot L^{-1}$ NaF〕：将分析纯 NaF 在 120℃烘干 2 小时，冷却后准确称取约 2.09gNaF 放入 500mL 烧杯中，加入 100mLTISAB 溶液，加入 300mL 水，溶解后转移到 1000mL 容量瓶中，用支离子水稀释至刻度，摇匀，保存于聚乙烯塑料瓶中备用。

（2）总离子强度调节缓冲溶液〔TISAB〕溶液：将 102gKNO₃（A.R.）、33g NaAc（A.R.）、32g 柠檬酸钾放入 1000mL 烧杯中，再加入 14mL 冰醋酸和 600mL 去离子溶解。用 2%NaOH 或 HAc 调节溶液的 pH 值为 5.5～6.5 之间，调好后加去离子水稀释至 1L，保存于试剂瓶中备用。

（3）$1.0 \times 10^{-3} mol \cdot L^{-1}$ NaF 溶液。

四、实验内容

（一）氟电极的准备〔可由实验室教师预先准备好〕。

氟电极使用前应在盛有 $1.0 \times 10^{-3} mol \cdot L^{-1}$ NaF 溶液的塑料烧杯中浸泡 1～2 小时，然后用去离子水淋洗氟电极，使其在去离子水中的电位约为-300mV 左右〔即空白电位〕。当两次测定值相近时方可使用。

（二）标准曲线的绘制

1. 标准液溶系列的配制

取 5 个 50mL 容量瓶，按 2、3、4、5、6 编号后分别加入 10mLTISAB 溶液。然后按下表配制。

编号	C_{F^-}〔$mol \cdot L^{-1}$〕	配制方法
2	10^{-2}	用 5mL 移液管移取 $0.1 mol \cdot L^{-1}$ NaF 标准溶液置于 2 号容量瓶中，加去离子水稀释至刻度，摇匀。
3	10^{-3}	用 5mL 移液管移取上面配好的 $10^{-2} mol \cdot L^{-1}$ NaF 标准溶液置于 3 号容量瓶中，加去离子水稀释至刻度，摇匀。
4	10^{-4}	
5	10^{-5}	以下逐一稀释配制
6	10^{-6}	

2. 标准溶液的测定与标准曲线的绘制

将标准系列溶液由低浓度到高浓度依次转移到 100mL 的塑料烧杯中，插入氟电极和饱和甘汞电极并连接酸度计。

电磁搅拌三分钟后停止搅拌，读取并记录电池电动势。每隔半分钟读一次数，直到三分钟内不变为止。每测定完一个溶液后，均需用去离子水冲洗电极，并用吸水纸吸干，再进行下一个溶液的测定。

以电动势 $\varepsilon(mV)$ 值为纵坐标，标准系列溶液浓度 $c(F^-)$ 为横坐标，在半对数坐标纸上绘出 $\varepsilon - c(F^-)$ -图〔或在普通坐标纸上，以 pF 为横坐标作 $\varepsilon - pF$ 图〕。

（三）水样中氟离子浓度的测定

取水样 25.00mL 于 50mL 容量瓶中，加入 10mL TISAB 溶液，用去离子水稀释至刻度，摇匀。

将氟电极在去离子水中淋洗干净，使其在纯水中测得的电位值与起始空白值〔约-300mV〕相接近后，把水样全部转入 100mL 塑料烧杯中，按上法插入电极、连接酸度计，搅拌并测量电动势 $\varepsilon(mV)$ 值。按 ε 值从标准曲上查出所测水样中所含 F^- 的浓度 $c(F^-)$，按下式计算水样中的含氟量〔以 $mg \cdot L^{-1}$ 表示〕。

$$氟含量〔mg \cdot L^{-1}〕 = c(F^-) \times M(F) \times 1000 \times \frac{50}{25}$$

式中，M_F 为 F 的摩尔质量。

测定结束后，用去离子水多次清洗氟电极，直到测得的电位值与起始空白值相接近为止。然后用纸吸干电极，放入电极盒内保存。

思考题

1. 用氟电极测定 F^- 离子浓度的原理是什么？
2. 本实验中的总离子强度调节缓冲溶液是由哪些组分组成的？各组分的作用如何？
3. 测量 F^- 标准系列溶液的电位值时，为什么测定顺序要从低含量到高含量？
4. 使用氟电极应该注意哪些问题？

实验二十九　pH 滴定法测定甲酸、乙酸混合酸中各组分含量

一、实验目的

1. 通过实验了解 pH 滴定法测定二元混酸的基本原理，拓宽有关酸碱滴定实际应用的知识面。
2. 掌握 pH 计的使用及其在酸碱测定中的应用。
3. 提高用计算机处理分析数据的能力。

二、实验原理

在二元混合酸的滴定过程中，存在下面的质子条件：

$$\left[H^+\right] - \left[OH^-\right] + \frac{bV_t}{V_0 + V_t} - \sum_{i=1}^{2} \frac{V_0}{V_0 + V_t} c_i Q_i = 0$$

式中，V_0 为被滴定溶液的初始体积；V_t 为加入的滴定剂体积；c_i 为被测组分浓度；b 为滴定剂浓度；$\left[H^+\right]$ 和 $\left[OH^-\right]$ 是加入滴定剂后所测溶液的氢离子和氢氧根离子浓度；Q_i 表示酸的浓度分数之和，其值为：

$$Q_i = \frac{\dfrac{K_{1i}^a}{\left[H^+\right]} + \dfrac{2K_{1i}^a K_{2i}^a}{\left[H^+\right]^2} + \cdots}{1 + \dfrac{K_{1i}^a}{\left[H^+\right]} + \dfrac{K_{1i}^a K_{2i}^a}{\left[H^+\right]^2} + \cdots}$$

式中，K^a 为弱酸的离解常数。

将质子条件式改写成如下形式：

$$\sum_{i=1}^{2} c_i Q_i = \frac{V_0 + V_t}{V_0}\left(\left[H^+\right] - \left[OH^-\right] + \frac{bV_t}{V_0 + V_t}\right)$$

令

$$\frac{V_0 + V_t}{V_0}\left(\left[H^+\right] - \left[OH^-\right] + \frac{bV_t}{V_0 + V_t}\right) = B$$

则上式可改写成：

$$c_1 Q_1 + c_2 Q_2 = B$$

由 Q 的表达式可知 Q_i 仅由 K^a 和 $[H^+]$ 确定，因此，若对样品中所含的亮酸标准溶液，用相同的标准碱溶液滴定至与样品相同的 pH 值，则必存在如下关系：

$$c_{\text{标}1} \cdot Q_1 = B_{\text{标}1}$$

$$c_{\text{标}2} \cdot Q_2 = B_{\text{标}2}$$

式中，$c_{\text{标}1}$、$c_{\text{标}2}$ 分别为被测组分标准溶液浓度；$B_{\text{标}1}$、$B_{\text{标}2}$ 分别为滴定至与样品相同 pH 值时，由 B 的表达式计算所得 B 值。将上两式带入 $c_1 Q_1 + c_2 Q_2 = B$ 得：

$$c_1 \frac{B_{\text{标}1}}{c_{\text{标}1}} + c_2 \frac{B_{\text{标}2}}{c_{\text{标}2}} = B$$

重排上式，得：

$$\frac{B}{B_{\text{标}1}} = \frac{c_1}{c_{\text{标}1}} + \left(\frac{c_2}{c_{\text{标}2}}\right) \cdot \left(\frac{B_{\text{标}2}}{B_{\text{标}1}}\right)$$

当滴定至不同的 pH 值处时，以 $B/B_{\text{标}1}$ 作为 $B_{\text{标}2}/B_{\text{标}1}$ 的函数作图，可得一直线，由该直线的斜率和截距可分别计算出样品中两组分含量。

三、仪器和试剂

1. 仪器：pH 计；电磁搅拌器；玻璃电极；甘汞电极；滴定管；移液管；计算机（PC-586）。

2. 试剂：NaOH 标准溶液；乙酸标准溶液；甲酸标准溶液；标准缓冲溶液；1.0mol·L^{-1} KCl 溶液。

四、实验步骤

1. 滴定标准酸溶液

准确移取 5.00mL 标准酸（乙酸或甲酸）溶液于 250mL 烧杯中，加入 10.00mL 1.0mol·L^{-1} KCl 溶液，用滴定管加入 85mL 去离子水，稀释至 100.00mL，插入电极，在搅拌下用 0.1mol·L^{-1} NaOH 标准溶液滴定至指定 pH 值（3.80，4.10，4.40，4.70，5.00，5.30，5.60），并记下相应的滴定体积。

2. 样品的测定

准确移取 10.00mL 样品于 250mL 烧杯中，加入 10.00mL 1.0mol·L^{-1} KCl 溶液，用滴定管加入 80mL 去离子水稀释至 100.00mL，插入电极，在搅拌下用 0.1mol·L^{-1} NaOH 标准溶液滴定至上述相同 pH 值处，记下相应的滴定体积。

（以上滴定均需插入温度计，若温度有变化，应做补偿）

五、测定注意事项

1. 滴定标准酸溶液与样品溶液必须都滴定至相同的 pH 值，否则会带来较大的误差，因此滴定速度要慢一些，在快到指定 pH 值时，需半滴甚至 1/4 滴加入。

2. 温度有较大变化时，必须对 pH 计做温度补偿。

3. 用滴定管加入 85mL 去离子水时，若滴加速度太快，必须等待一段时间再读数。

六、思考题

1. 实验所用的酸度计度数是否需进行校正？为什么？如何校正？

2. 测定混合酸时出现两个突跃，说明何种物质与 NaOH 发生反应？生成何种产物？

第七章　色谱分析法实验

实验三十　混合物的气相色谱分析（归一化法）

一、实验目的

1. 了解气象色谱仪的简要工作原理。
2. 初步学会正确使用气相色谱仪。
3. 学习气体不锈钢分析的方法。
4. 学习归一划法定量的基本原理及测定方法。

二、基本原理

混和组分的分离是利用每种组分在固定相上地吸附系数不同。在一定条件下，它们各有一定的吸附平衡常数，平衡常数的微小差异经色谱柱固定相和流动相的作用，使之完全分离，被分离的组分随载气流经检测器—热导池，对于载气中某组分浓度的变化而产生的相应电流（或电压）随时间变化的信号，在记录仪中可得到信号的图形—色谱图。

使用 FID 检测器，当组分分子随载气通过离子室时，在氢焰的作用下直接或间接被离子化，并在电场内定向运动形成电流。通过电子放大系统后记录电流随时间变化的曲线——色谱图。从图中可得到各组分的保留值及信号强度（峰面积或峰高），以此作为定性及定量的依据。在测定各组分相对含量时，由于各组分在同一鉴定器上大多具有不同的响应值，所以必须对各组分的信号加以校正，此后，才能进行相互比较，这是测定和使用相对校正因子的目的。

1. 定性分析

色谱定性的任务是确定色谱图上每个峰分别代表什么物质。其依据是：在一定的色谱条件下，每种物质都有一个固定不变的保留值。

若仪器稳定性好，可以直接利用保留值进行定性，即与纯样品保留值相同的未知峰，可能与纯样品是同一物质。若换一根极性不同的色谱柱，再此测定，两次的保留值相同，则可以肯定未知峰代表的是和纯样品一样的物质。

当样品成分已知，又有纯样品对照时，利用保留值定性就相当简单、可靠。此实验即属于这种情况。

2. 定量分析

色谱定量分析的依据是：被测组分 i 的进样量 W_i 与监测器给出的响应信号（峰面积 A 或峰高 hi）成正比。即

$$W_i = f_i \cdot A_i$$

式中 f_i 为绝对定量校正因子。定量分析的方法有多种，本实验采用面积归一化法。

（1）定量校正因子：由于相同量的不同物质在同一检测器上响应值不同，而相同量的同一物质在不同检测器上响应值也不同，因此，在定量分析中必须对响应值加以校正。

$$f_i = W_i / A_i$$

式中的 f_i（绝对定量校正因子）的物理意义是单位峰面积所代表的被测组分 i 的量。因各物质的响应值与检测器的灵敏度有关，并受实验条件的影响较大，但物质之间的相对响应值相同。通常将某物质 i 与标准物 s 的绝对定量校正因子比较，得相对定量校正因子 f_i'。随着被测组分使用的计量单位不同，又可分为质量校正因子、摩尔校正因子、体积校正因子，并可通过实验确定。

（2）质量校正因子的测定：准确称取一定量的某物质 i 和一定量的标准物质 s，混匀后取微量进样，得色谱图。从色谱图上分别测得峰面积 A_i 和 A_s，根据称样量，即可求出质量校正因子 f_i' 值。

需要注意的是：测量 f_i' 时所用的试剂必须是色谱纯的，或已知实际纯度的试剂。f_i' 的大小与载气和检测器种类有关。

（3）峰面积计算方法：

$$f_i' = f_i / f_s = W_i / W_s \times A_s / A_i$$

$$A_i = 1.065 \times h_i \times W_{1/2}$$

（4）归一化法

$$\%i = (f_i A_i)/(f_1 A_1 + f_2 A_2 + \cdots + f_n A_n) \times 100$$

该法只适用于所有组分皆出峰的情况。

归一化法的优点是计算简便，定量结果与进样量无关，且操作条件不需严格控制，是常用的一种色谱定量方法。

三、仪器和试剂

（一）仪器

气相色谱仪（GC-6850 型，具有 FID 检测器）一台；A4800 色谱数据工作站；相应的色谱柱；氢气高压钢瓶；1μL 微量注射器；1mL 容量瓶数个；万分之一电子天平一台；1mL、20 μL 移液枪各 2 个。

（二）试剂

甲醇（分析纯）；乙酸乙酯（色谱纯）；乙酸丙酯（色谱纯）；乙酸丁酯（色谱纯）

四、实验内容

1. 按实验要求设定色谱条件（色谱柱；氮气流速、燃气-助燃气-载气配比；进样口（气化室）温度、柱温、检测器温度等。）

2. 仪器各种参数设定并稳定后，按一定要求分别用注射器进稀释后的纯试剂样（实验室准备），记录响应数据（保留时间）。

3. 用分析天平分别称取一定量的纯甲醇（分析纯）、乙酸乙酯（色谱纯）、乙酸丙酯（色谱纯)、乙酸丁酯(色谱纯),并混合均匀后,进样。

4. 根据色谱图进行定性、定量分析。

五、实验数据记录

1. 定性分析

溶液名称	纯乙酸乙酯稀释液	纯乙酸丙酯稀释液	纯乙酸丁酯稀释液	甲醇
保留时间(t_R)				
混合液色谱峰峰号	1	2	3	4
保留时间(t_R)				
混合样品定性结果				

2. 定量分析

	峰面积	f	f'	质量分数(%)
混合样品中乙酸乙酯				
混合样品中乙酸丙酯				
混合样品中乙酸丁酯				
混合样品中甲醇				

3. 计算公式

$$m_i = f_i \times A_i \qquad f_i = \frac{m_i}{A_i} \qquad f_i' = \frac{f_i}{f_s} = \frac{\dfrac{m_i}{A_i}}{\dfrac{m_s}{A_s}} = \frac{m_i \times A_s}{m_s \times A_i}$$

$$w(i) = \frac{m_i}{m_总} \times 100\% = \frac{f_i' A_i}{f_1' A_1 + f_2' A_2 + \ldots + f_n' A_n} \times 100\%$$

六、思考题

1. 如何保证利用保留值定性结果的可靠性?

2. 在定量时用相对校正因子计算为什么比用绝对校正因子计算准确?

3. 使用归一化法定量的条件是什么?有什么优点?

4. 为什么可以利用色谱峰的保留值进行色谱定性分析?

实验三十一 气相色谱法测定乙醇中少量杂质的含量(外标法)

一、实验目的和要求

1. 学习固定液的涂渍,色谱柱的装填和老化处理方法。

2. 学习色谱柱的柱效测定方法。

3. 学习外标法定量的基本原理和测定试样中杂质含量的方法。

4. 了解氢火焰检测器的基本原理。

二、实验原理

色谱柱的柱效能的一项重要指标。在一定色谱条件下，色谱柱的柱效可以用理论塔板数或理论塔板高度来衡量，在实际工作中使用有效塔板数 n 塔板 及有效塔板高度 H 有效 来表示更为准确，更能真实地反应色谱柱分离的好坏，其计算公式为：

$$n_{有效} = 5.54(\frac{t_R^{'}}{Y_{\frac{1}{2}}})^2 = 16(\frac{t_R^{'}}{Y})^2$$

$$H_{有效} = \frac{L}{n_{有效}}; \qquad t_R^{'} = t_R - t_M$$

式中：$t_R^{'}$ —— 调整保留时间； $Y_{\frac{1}{2}}$ —— 半高宽；

Y —— 峰底宽、 L —— 柱长； t_M —— 死时间。

外标法定量是用组分 i 的纯物质配制成已知浓度的标准样，在相同的操作条件下，分析标准样和未知样时，根据组分量与相应的峰面积或峰高呈线性关系，则当标准样与未知样的进样量相等时，可由下计算式计算组分的含量：

$$c_i\% = \frac{A_i}{A_{is}} \times c_{is}\%$$

式中：c_{is} —标准样中组分 i 的含量； c_i —样品中组分 i 的含量；

A_{is} —标准样中组分 i 的峰面积； A_i —样品中组分 i 的峰面积；

三、仪器和试剂

（一）仪器

气相色谱仪一台；色谱数据工作站；色谱柱；氢气、空气、氮气高压钢瓶；漏斗；甲烷气袋；1μL、100μL 微量注射器。

（二）试剂

邻苯二甲酸二异壬酯（DNP），色谱纯；担体 6201 红色硅藻土，60～80 目；乙醚、盐酸、氢氧化钠、苯、甲苯、甲醇、乙醇均为分析纯。

四、实验内容

1. 实验条件

色谱柱，DNP：6201 担体（15:100），60～80 目； 检测器：氢火焰离子化检测器；
氮气流量 15mL·min⁻¹； 空气 30mL·min⁻¹ ； 氢气 30mL·min⁻¹ ；
柱温：110℃； 气化室温度：30℃； 检测器温度 110℃。

2. 色谱柱的装填与老化：

（1）称取 60g 60～80 目红色硅藻土担体，置于 400mL 烧杯中，在 105℃烘箱内干燥 4～6h。

（2）称取固定液邻苯二甲酸二壬酯 7.5g 于 150mL 蒸发皿中，加入适量乙醚溶解（乙醚的加入量应能浸没担体，并保持有 3～5mm 液层），然后加入 50g 6201 担体，摇晃均匀，置于通风橱内，使乙醚自然挥发，待乙醚挥发完毕，移至红外线干燥箱内烘干 20~30min 即可装填。

（3）取一根长 2m,内径 3mm 不锈钢色谱柱，用 50mL1mol·L^{-1}HCl 溶液浸泡 5~6min，用水抽洗至中性，再用 50mL1mol·L^{-1}NaOH 溶液浸泡抽洗，再用水抽洗至中性，烘干备用。采用真空泵抽气填入固定相，填满后用玻璃纤维塞紧柱两端。

（4）色谱柱的老化：

把填好的色谱柱与色谱仪进样口接好，出气口直通大气，开启载气，流量为 5~10mL·min^{-1}，检查至气路连接处不漏气，打开色谱仪电源，调节柱温 150℃，老化处理 8h。

3. 色谱柱的柱效测定

根据实验条件，将色谱仪按仪器操作规程调至待测状态，当仪器上电路和气路系统达到平衡，记录图上基线平直时，即可进样。吸取 1μL　1g·L^{-1} 的苯和甲苯溶液进样，得苯和甲苯的色谱图，并重复两次。用 100μL 进样器抽取 50μL 甲烷进样，得死时间 t_M。

4. 乙醇中乙醚含量的测定

取无水乙醇五份，每份 5mL，分别加入纯乙醚 60μL、120μL、180μL、240μL、300μL 配得标准溶液 5 瓶，从每瓶中吸取 0.1μL 注入色谱仪得各标准溶液色谱图，取含杂质的乙醇试样 5μL，于相同条件下进行分析，得色谱图。

5. 实验完毕，用乙醚清洗 1μL 注射器，退出色谱工作站，关闭氢气和空气钢瓶，关闭氢火焰离子化检测器及色谱仪开关，待柱箱温度降至室温后关闭载气。

五、数据记录与处理

1. 打印出各色谱图，计算柱效。
2. 绘制乙醚的标准曲线。
3. 利用 A4800 色谱数据工作站采用外标法求样品中各组分含量。

六、思考题

1. 计算甲醇、乙醇和乙醚之间的分离度。
2. 通过实验，你认为装填好一个均匀、紧密的色谱柱，在操作上应注意哪些问题？
3. 用同一根色谱柱，分离不同组分，其塔板数是否一样，为什么？
4. 色谱柱温度对分离有何影响？

实验三十二　液相色谱法测定食品中的咖啡因

一、实验目的：

1. 了解液相色谱仪的基本结构和基本原理。
2. 了解反相液相色谱法的原理、优点和应用。
3. 掌握标准曲线定量方法

二、实验原理

液相色谱法是以液体作为流动相的色谱法。高效液相色谱法是在经典液相色谱法基础上发展起来的一种新型分离、分析技术。

高效液相色谱由高压输液系统、进样系统、分离系统、检测系统、数据处理系统五部分组成。高效液相色谱中使用较短的色谱柱，柱外的谱带展宽效应较明显，与气相色谱不同。

高效液相色谱法是利用样品中各组分在色谱柱中固定相和流动相间分配系数或吸附系数的差异，将各组分分离后进行检测，并根据各组分的保留时间和响应值进行定性、定量分析。它具有高效、高速、高灵敏度、高自动化、应用范围广、流动相选择范围广、馏分容易收集等特性。因此，高效液相色谱法已广泛应用于生物学和医药上的大分子物质的分析，如蛋白质、核酸、氨基酸、多糖、生物碱、甾体、维生素、染料及药物等物质的分离和分析。

本实验已咖啡因为测定对象，以反相高效液相色谱技术来分离检测食品中的咖啡因含量。咖啡因又称为咖啡碱，化学名称为 1，3，7 - 三甲基黄嘌呤，分子式为 $C_8H_{10}O_2N_4$。

咖啡因属黄嘌呤衍生物，是一种可由茶叶或咖啡中提取而得的生物碱。它能兴奋大脑皮层，使人精神兴奋。咖啡中含咖啡因的质量分数为 1.2%～1.8%；茶叶中含咖啡因的质量分数为 2.0%～4.7%；可乐饮料、APC 药品等物质中均含咖啡因。

在碱性条件下，咖啡因的三氯甲烷熔液在 276.5nm 波长下有最大吸收，其吸收值的大小与咖啡因浓度成正比，从而可进行定量。用氯仿定量提取样品中的咖啡因，采用反相色谱技术进行分离，紫外检测器检测，以咖啡因标准系列溶液色谱峰面积对其浓度做工作曲线，再根据样品中的咖啡因峰面积，由工作曲线得出其浓度。

三、试剂、仪器（所用试剂均为分析纯试剂，实验用水为去离子水）

（一）仪器

高效液相色谱仪　　　　　紫外检测器（UV 345）
Workstar 色谱工作站；　　色谱柱（4.6×200mm）；　　定量环：20μL
平头微量进样器，　　　　超声波清洗机；　　0.45 μm 滤膜和过滤器

（二）试剂

甲醇（色谱纯）、　　　二次蒸馏水；　　　氯仿（A.R）；　　　NaOH（A.R）；
NaCl（A.R）；　　　　Na$_2$SO$_4$（A.R）；　　　咖啡因；含咖啡因的食品。

四、分析步骤

1. 溶液的配制

（1）1000μg·mL^{-1} 咖啡因标准储备液：将咖啡因在 110℃下烘干 1h。准确称取 0.1000g 咖啡因，用氯仿溶解，定量转移至 100mL 容量瓶中，用氯仿稀释至刻度，摇匀，备用。

（2）咖啡因标准系列溶液配制：分别用吸量管移取 0.40mL、0.60mL、0.80mL、1.00mL、1.20mL、1.40mL 咖啡因标准储备液于 6 只 10mL 容量瓶中，用氯仿定容，摇匀。分别得到浓

度（μg·mL^{-1}）为 40.0、、60.0、80.0、100.0、120.0、140.0 的系列标准溶液。

2. 样品处理

取 100mL 可乐置于 250mL 洁净的烧杯中，超声波脱气 15min，以赶尽二氧化碳。将样品溶液进行干过滤（用干漏斗、干滤纸过滤），弃去前过滤液，取后面的过滤液。吸取样品滤液 25.00mL 于 125mL 分液漏斗中，加入 1.0mL 饱和氯化钠溶液，1mL NaOH 溶液，然后用 20mL 氯仿分 3 次萃取（10mL、5mL、5mL）。合并氯仿提取液并用装有无水硫酸钠的小漏斗（在小漏斗的颈部放一团脱脂棉，上面铺一层无水硫酸钠）脱水，过滤于 50mL 容量瓶中，最后用少量氯仿多次洗涤无水硫酸钠小漏斗，将洗涤液合并至容量瓶中定容至刻度。

以上所有溶液（包括流动相）使用前均需经 0.45μm 的滤膜过滤后方可使用。

3. 按操作说明打开计算机和色谱仪，建立测定方法

设定色谱条件：

柱温为室温；　　流动相为甲醇/水＝60/40；　　流动相流速为 1.0mL·min^{-1}；　　检测波长为 275nm。

4. 工作曲线的制作

仪器基线平稳后，分别进样咖啡因标准系列溶液 20μL，重复 3 次，记录峰面积和保留时间。

5. 样品测定

在同样实验条件下，分别进样样品溶液 20μL，根据保留时间确定样品中咖啡因色谱峰的位置，记录咖啡因色谱峰面积。

6. 结束实验

实验结束后，按要求关好仪器和计算机。

五、实验数据处理

1. 根据咖啡因标准系列溶液的色谱图，绘制咖啡因峰面积与其浓度的关系曲线。
2. 根据样品中咖啡因色谱峰的峰面积，由工作曲线得出食品中咖啡因含量（μg·mL^{-1}）

六、思考题

1. 若标准曲线用咖啡因浓度对峰高作图，能给出准确结果吗？与本实验的标准曲线相比哪种优越？
2. 在样品干过滤时，为什么要弃去前过滤液？这样做会不会影响实验结果？为什么？
3. 若要测定茶叶中的咖啡因，应如何设计样品的处理方法。

第八章　综合实验及自行设计实验

实验三十三　新鲜蔬菜中β-胡萝卜素的提取、分离和测定（综合性实验）

一、实验目的

1. 学习和掌握从新鲜胡萝卜中提取、分离β-胡萝卜素的方法。
2. 掌握紫外可见吸收光谱法测定β-胡萝卜素含量的方法。
3. 了解共轭化合物π→π*跃迁吸收波长的计算方法及共轭多烯化合物的紫外吸收光谱的特征。

二、实验原理

许多植物的叶、茎、果实如胡萝卜、地瓜、菠菜中含有丰富的胡萝卜素，它是维生素 A 的前体，具有类似维生素 A 的活性，胡萝卜素存在的异构体有 α、β、γ 三种形式，其中以β-胡萝卜素生理活性最强。β-胡萝卜素的结构式为：

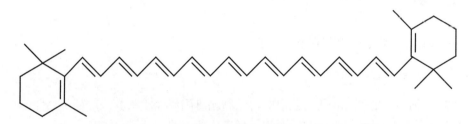

β-胡萝卜素的结构式

β-胡萝卜素是含 11 个共轭双键的长链多烯化合物，它的π→π*跃迁吸收带处于可见光区，因此纯的β-胡萝卜素是桔红色晶体。

胡萝卜素不溶于水，可溶于有机溶剂中，因此，植物中的胡萝卜素可以用有机溶剂提取。但要注意有机溶剂也能同时提取植物中的叶黄素、叶绿素等成分，对测定会产生干扰，需要用适当方法加以分离。

本实验采用柱层析法将提取液中β-胡萝卜素分离出来，经分离提纯得到的β-胡萝卜素含量可以用紫外-可见分光广度法测定。

三、实验仪器及试剂

1. 仪器

UV-1201（或其它型号的）紫外-可见分光光度计　　　层析柱（10mm×20mm）
玻璃漏斗　　　分液漏斗　　　容量瓶（100mL，50mL，10mL）　　　研钵
水泵　　　吸量管（1mL）

2. 试剂

活性 MgO　　　硅藻土助滤剂　　　无水　Na_2SO_4　　　正己烷　　　丙酮

四、实验内容

1. 样品处理

将新鲜蔬菜胡萝卜粉碎混匀，称取 2g，加 10mL 1:1 丙酮-正己烷混和溶剂，于研钵中研磨 5min，将混和溶剂滤入预先盛有 50mL 去离子水的分液漏斗中，残渣继续用 10mL 1:1 混和溶剂研磨，过滤，如此反复直到浸提液无色为止，合并浸提液，用 2×20mL 去离子水洗涤两次，将洗涤后的水溶液合并，用 10mL 正己烷萃取水溶液，与前浸提液合并供柱层析分离。

2. 柱层析分离

将 2g 活性 MgO 与 2g 硅藻土助滤剂混和均匀，作吸附剂，疏松地装入层析柱中，然后用水泵抽气使吸附剂逐渐密实，再在吸附剂顶面上盖上一层约 5mm 厚无水　Na_2SO_4。

用正己烷冲洗层析柱，使胡萝卜素谱带与其它色素谱带分开。当胡萝卜素谱带移过柱中部后，用 1:9 丙酮-正己烷混和溶剂洗脱并收集流出液，β-胡萝卜素将首先从层析柱流出，而其它色素仍保留在层析柱中，将洗脱的β-胡萝卜素流出液收集在 50mL 容量瓶中，用 1:9 丙酮-正己烷混和溶剂定容。

3. 制作标准曲线

用逐级稀释法准确配制 $25\mu g \cdot mL^{-1}$ β-胡萝卜素与正己烷的标准溶液，分别吸取此溶液 0.40mL，0.80mL，1.20mL，1.60mL，2.00mL 于 5 个 10mL 容量瓶中，用正己烷定容。

用 1cm 吸收池，以正己烷为参比，测定其中一个标准溶液的紫外-可见吸收光谱，分别测定 5 个β-胡萝卜素标准溶液的最大吸光度（测定的波长范围为 350～550mm）

4. 测定样品浸提液中β-胡萝卜素的含量

将经柱层析分离后得到的β-胡萝卜素溶液，用 1:9 丙酮-正己烷溶剂为参比，在紫外-可见分光光度计上测定其吸收光谱（350～550mm）及最大吸光度。

五、数据处理

1. 绘制β-胡萝卜素的标准曲线。

2. 确定样品溶液 λ_{max} 处的吸光度，计算β-胡萝卜素的含量。

$$w(\beta\text{-胡萝卜素}) = \frac{50mL \cdot \rho}{m} \times 10^6$$

式中：ρ—标准曲线上查得的β-胡萝卜素质量浓度（单位$\mu g \cdot mL^{-1}$）；
　　　m—胡萝卜样品的质量。

实验三十四　滴定法测定银氨配离子的配位数（综合性实验）

一、实验目的

应用已学过的配离子离解平衡和难容电解质溶度积规则等知识，测定银氨配离子的配位数 n。

二、实验原理

近代配位物理论表明，如何配位数大于 1 的配位离子都是逐级离解的。然而，在配位浓度远大于中心离子浓度的条件下，只要配位离子的稳定常数不太小，则溶液中将主要存在配位数最大的那种配离子。

本实验即在满足上述条件下进行。首先，在硝酸银溶液中加入过量氨水，生成稳定的银氨配离子。然后，往溶液中加入 KBr 溶液，刚刚开始有 AgBr 沉淀产生，观察到溶液中出现极轻微沉淀。此时溶液中同时存在着离解平衡和沉淀平衡。

在方程式中，c（Br^-），c（NH_3），c（$[Ag（NH_3）_n]^+$）均为平衡时的浓度。这些平衡浓度可以近似计算如下：设每份混合溶液最初取用浓度为 c（Ag^+）的硝酸银溶液体积为 V（Ag^+）；每份加入浓度为 c（NH_3）的氨水体积为 V（NH_3）（大大过量）；每份加入浓度为 c（Br^+）溴化钾溶液的体积为 V（Br^-）；该混合溶液总体积为 $V_总$，则混合溶液达到平衡时，有平衡反应方程式。

以 lgc（Br^-）为纵坐标，lgV（NH_3）为横坐标作图，可得一直线，其斜率即为配离子的配位数 n。

三、仪器与试剂

1. 仪器：每组 6 只 250ml 锥形瓶；滴定管 1 支（酸式或碱式均可）；量筒

2. 试剂：$AgNO_3$（$0.01mol·L^{-1}$）；KBr（$0.01mol·L^{-1}$）；NH_3II_2O（$2mol·L^{-1}$）；浓度要准确到 2 位有效数字。

四、实验步骤

1. 用 $0.01mol·L^{-1}$KBr 溶液装入滴定管中，几记下刻度。取 6 支 250ml 锥形瓶，编号 1～6.

2. 用量筒准确量取 20.0mol·L^{-1} 的 $0.01mol·L^{-1}AgNO_3$ 溶液转入 1 号锥形瓶中，再用量筒取 35.0mL $2mol·L^{-1}$ 氨水和 45.0mL 去离子水加入 1 号锥形瓶中，摇匀。然后在不断震荡下从滴定管中滴加 KBr 溶液，直指由于产生 AgBr 沉淀而出现轻微浑浊，且经震荡浑浊不在消失为至。记下所加的 KBr 溶液的体积 V（Br^-）和溶液的总体积 $V_总$。

3. 在 2，3，4，5，6 号锥形瓶中各加入 20.0mL 氨水和去离子水，摇匀。然后在不断震荡下从滴定管中滴加 KBr 溶液。在滴加过程中，当接近终点（溶液出现轻微浑浊，但经充分摇动可消失）时，补充适量的去离子水，使溶液总体积与 1 号锥形瓶的总体积 $V_总$ 相等，最后滴定至终点，记录所用的 KBr 溶液的体积 V（Br^-）。

五、数据记录与结果处理

1. 数据记录：

表　容量法测定银氨配离子的配位数数据记录与结果处理

编号	1	2	3	4	5	6
V（Ag^+）/mL	25.0	20.0	20.0	20.0	20.0	20.0
V（NH_3）/mL	30.0	30.0	25.0	20.0	15.0	10.0

（续）

编号	1	2	3	4	5	6
V（H_2O）/mL	45.0	50.0	55.0	60.0	65.0	70.0
V（Br^-）/mL						
补加水体积/mL	0.0					
$\lg V$（Br^-）						
$\lg V$（NH_3）						

2. 作图

六、思考题

1. 简述本实验的实验原理，了解各部简化的条件

2. 如果不用 KBr，而用 KCl，你认为测定结果会好一些还是坏一些？

实验三十五　新鲜鸡蛋中蛋白质及营养元素含量的测定（综合性实验）

一、实验目的

1. 了解食品中蛋白质，无机元素等营养元素的含量及存在形式，为医学，生命科学，人类学，社会学等学科的研究提供科学依据。

2. 了解生物样品中蛋白质含量和微量元素的测定方法，以及针对生物样品分析的不同目的，样品的处理方法。

二、实验原理

鸡蛋经过孵化变成小鸡，素以鸡蛋中应该含有及身体的全部必须成分，因此它的营养价值高。鸡蛋中除了蛋白质，脂质，维生素（如维生素 B_2，既核黄素），无机元素也很丰富如钙磷钾纳等。人类摄取蛋白质的最终目的就是取得集体素需要的各种氨基酸。严格的说，就是取得比例大小合适要求的各种氨基酸。因为人体不能直接利用人体以外的异性蛋白，这就需要将食物蛋白消化分解为氨基酸，并利用它们作为原料来合成数以万计的机体蛋白质和生命活性物质。鸡蛋中的卵清蛋白属于完全蛋白质，既其氨基酸组成齐全，数量充足，比例合理。

无机元素在食品中成分比例虽小，但也是构成人体组织，维持正常生理活动不可缺少的营养素。但无机元素在人体内不能产生，也必须从饮食中提取。

本实验用紫外-可见光分光光度法分别测定蛋清、蛋黄中的蛋白质含量。用火焰和非火焰原子吸收方法分别测定蛋清、蛋黄中的钙、镁、锰和铜。钙镁属于人体必需的常量元素。锰和铜属于人体必需的微量元素。将蛋清与蛋白分别溶于稀盐酸和稀铵盐溶液中，通关过测定比较不同体系中的测定结果比较淡请与蛋黄之间蛋白质和无机元素含量的差异。

仪器与试剂

台式电子天平（万分之一），电动摇床，高速离心机，紫外-可见光光度计，火焰原子吸收分光光度计，石墨炉（非火焰）原子吸收分光光的计，蛋清蛋黄分离器，100mL 磨口具塞

锥形瓶，滴管，25mL 移液管，刻度吸量管，微量注射器，10mL，25mL 比色管，4mL 塑料样品管，100mL 烧杯。

100 钙标液，100 镁标液，5 锰标液，10 铜标液，10 镧标液，$0.1mol \cdot L^{-1}$ 盐酸溶液，$1mol \cdot L^{-1}$ 醋酸铵溶液，去离子水。

三、实验步骤

1. 样品预处理

（1）取新鲜鸡蛋一个，小心敲开蛋壳，利用蛋清蛋黄分离器，将蛋清蛋黄分置于 100mL 干燥烧杯中。分别准确秤取 4g 蛋清，2g 蛋黄各两份，置于干燥的 100mL 磨口具塞锥形瓶。在另一组蛋清和蛋黄样品中加入 $0.1mol \cdot L^{-1}$ 盐酸，实验品总重量达到 25.0（用天平称取）。盖好塞子，放在摇床上震荡 10 分钟（震荡速率要适中）。

（2）将上述溶液转移至带塑料的离心管中，在台秤上装有样品的离心管。若重量有差别，用滴管滴加相应的样品使其平衡。盖好离心管盖子，将离心管对称放入离心机中，在 $1000r \cdot min^{-1}$ 条件下离心 20 分钟（请认真阅读离心机操作说明书，在老师指导下进行离心）、

（3）转移离心后的上清液与 25mL 比色管中，注意不要搅动离心管底部的沉淀物。

2. 蛋白质含量测定

（1）蛋白质表样的配置

准确称取鸡卵清蛋白标样（Albnmin Egg，Sigma）10mg 和 100mg 两份，分别置于 10mL 比色管中。在 10mL 样品中用 $0.1mol \cdot L^{-1}$ 盐酸溶液并定容至 10mL，充分摇匀。配成浓度分别为 $1mg \cdot mL^{-1}$ 和 $10mg \cdot mL^{-1}$ 的卵清蛋白标准溶液。

（2）制作标准工作曲线。

分别只做两种试剂体系的标准工作曲线。

$0.1mol \cdot L^{-1}$ 盐酸体系，在 6 支 10mL 比色管中，分别加入 $1mg \cdot mL^{-1}$ 卵清蛋白标准溶液 0.00、0.08、0.16、0.24、0.32、0.40ml，用 $0.1mol \cdot L^{-1}$ 盐酸溶液稀释定容至 10mL，配成浓度分别为 0.000、0.008、0.016、0.024、0.032、0.040mg/mL 的标准溶液系列。

$1mol \cdot mL^{-1}$ 醋酸铵体系：在 6 支 10ml 比色管中，分别加入 $10mg \cdot mL^{-1}$ 卵清蛋白标准溶液 0.0、0.2、0.4、0.6、0.8、1.0mL，用 $1mol \cdot L^{-1}$ 醋酸铵溶液稀释定容至 10mL，配成浓度分别为 0.0、0.2、0.4、0.6、0.8、1.0mg·mL^{-1} 的标准溶液系列。

（3）样品配置

将 $0.1mol \cdot mL^{-1}$ 盐酸体系的蛋清样品稀释 1000 倍：用微量注射器取 10μL，用 $0.1mol \cdot L^{-1}$ 盐酸定容至 10mL。

将 $0.1mol \cdot mL^{-1}$ 盐酸体系的蛋黄样品稀释 1000 倍：用微量注射器取 10μL，用 $0.1mol \cdot L^{-1}$ 盐酸定容至 10mL。

将 $1mol \cdot L^{-1}$ 醋酸铵体系的蛋黄样品稀释 25 倍：用微量注射器取 10μL，用 $1mol \cdot L^{-1}$ 醋酸铵定容至 10mL。

将 $1mol \cdot L^{-1}$ 醋酸铵体系的蛋黄样品稀释 25 倍：用微量注射器取 10μL，用 $1mol \cdot L^{-1}$ 醋酸铵定容至 10mL。

（4）蛋白质含量测定

使用 Cary1E 紫外-可见分光光度计（Varian），分别以各自体系的溶剂为参比溶液，在 190～

350nm 的波长范围内，对每一个标准溶液和样品进行扫描测定。打印出图谱及吸收峰的有关数据信息。

3. 无机元素测定

分别测定蛋清和蛋黄中的钙、镁、锰、铜。因生物样品机体较为复杂，采用标准加入法进行测定。

（1）火焰原子吸收方法测定新鲜鸡蛋中的钙、镁。

<1>样品配置

分别稀释配制浓度为 $10\mu g\cdot mL^{-1}$ 的钙、镁标准溶液于 25mL 和 10mL 比色管中，用去离子水定容。一律移取 $0.1mol\cdot L^{-1}$ 盐酸体系的蛋清蛋黄样品。

表 1　蛋清中（Ca）的测定

体积/mL　样品　瓶号	1	2	3	4	5
La（$10mg\cdot mL^{-1}$）	1.0	1.0	1.0	1.0	1.0
Ca（$10\mu g\cdot mL^{-1}$）	0	0	1.0	2.0	3.0
蛋清	0	1.0	1.0	1.0	1.0

注：离心后的上清液，用 $100\mu L$ 微量注射器移取；用去离子水稀释定容，总体积 10mL（10mL 比色管）。表 2～4 同此。

表 2　蛋黄钙（Ca）的测定

体积/mL　样品　瓶号	6	7	8	9	10
La（$10mg\cdot mL^{-1}$）	1.0	1.0	1.0	1.0	1.0
Ca（$10\mu g\cdot mL^{-1}$）	0	0	1.0	2.0	3.0
蛋黄	0	0.1	0.1	0.1	1.0

表 3　蛋清中镁（Mg）的测定

体积/mL　样品　瓶号	11	12	13	14	15
La（$10mg\cdot mL^{-1}$）	1.0	1.0	1.0	1.0	1.0
Ca（$10\mu g\cdot mL^{-1}$）	0	0	0.1	0.2	0.3
蛋清	0	0.1	0.1	0.1	0.1

表 4　蛋黄中镁（Mg）的测定

体积/mL　样品　瓶号	16	17	18	19	20
La（$10mg\cdot mL^{-1}$）	1.0	1.0	1.0	1.0	1.0
Ca（$10\mu g\cdot mL^{-1}$）	0	0	1.0	2.0	3.0
蛋黄	0	0.1	0.1	0.1	1.0

<2>测定条件

WFX-1C 型火焰原子吸收分光光度计

空气（助燃气）：压力 0.2MPa，流量 4.5/min（A 仪器）

压力 0.2MPa，流量 4.5/min（B 仪器）

乙炔（燃气）：压力 0.02～0.03MPa，流量 0.7/min（A 仪器）

压力 0.02～0.03MPa，流量 0.8/min（B 仪器）

燃烧器高度：6mm（A 仪器）；–1mm（B 仪器）

狭缝宽度：A、B 两台仪器均为 0.2nm

测定波长：钙 422.7，镁 285.2nm

灯电流：A、B 两台仪器均为 1mA（占空比 1:4）

（2）石墨炉（非火焰）原子吸收方法测定新鲜鸡蛋中的锰锌

<1>样品制备

将离心后的蛋清提取液上清液直接导入仪器的进样杯中，测定锰和铜。将离心后的蛋黄提取液上清液稀释 50 倍，用相应的试剂定容至 4mL 塑料瓶中（当天使用，当天配置，0.1mol/体系）。

<2>测定条件

Varian SpectrAA880 塞曼背景校正—石墨炉原子分光光度计：灯电流 5mA，光谱通带光度 0.2nm，氩气钢瓶出口压力 0.45Mpa，样品进样量 10μL，进杨总体积（使用自动进样器）。

分别将孟或铜标液，0.1mol·L^{-1} 盐酸溶液 1mol/醋酸铵溶液，样品置于 51（"Bulk Standard"）53（"make up"）和 1，2……位置上。

在教师教导下根据表 5 中的温控条件进行测定。

Step	Temp	Time	Gas	Gas Type	Read
1	85	40.0	3.0	Normal	No
2	95	5.0	3.0	Normal	No
3	95	10.0	3.0	Normal	No
4	120	10.0	3.0	Normal	No
5	120	20.0	3.0	Normal	No
6	700	30.0	3.0	Normal	No
7	700	20.0	3.0	Normal	No
8	700	2.0	0.0	Normal	Yes
9	2400	1.1	0.0	Normal	Yes
10	2400	2.0	0.0	Normal	Yes
11	2500	2.0	30	Normal	No

注：包括最后的冷却 30s（第 11 步之后），整个升温过程共需 170 秒左右。

结果与讨论

1. 蛋白质含量测定

（1）从所得图谱可见，两种体系的锋行和锋位置是不同的。醋酸铵的体系以 280nm 左右的峰为测量峰，用此峰的峰高对浓度作图。

（2）对照两种体系的卵清蛋白在蛋清和蛋黄中的含量，并对结果进行讨论。

由于蛋白质中存在着含有共轭双键的苯丙氨酸，络氨酸和色氨酸，因此蛋白质在紫外光区 820nm 处有吸收峰。在此波长范围内蛋白质溶液的吸光度值与其浓度成正比关系，常可作定量测量。该方法迅速简便，样品消耗量少，低浓度盐类不干扰测定。缺点是 1：对于测定那些蛋白质中苯丙氨酸，络氨酸和色氨酸含量差异较大的蛋白质，有误差。2：若样品中含有嘌呤，嘧啶等吸收紫外光的物会出现干扰。

2. 无机元素含量测定

（1）根据测定结果绘制标准加入曲线，并在曲线上查处样品浓度，计算出含量。

（2）比较被测元素在蛋清和蛋黄中的含量。根据整个实验所得到的分析数据，试讨论鸡蛋中的营养成分分布。

实验三十六　酸碱混合物中各组分的测定（综合设计实验）

在实际工作中常常遇到酸碱混合组分的测定问题，它比单组分纯溶液、纯物质的测定要复杂许多。本实验是通过各种混合酸碱体系的测定方法的设计，来培养学生的分析问题和解决问题的能力。

一、实验目的和要求

1. 了解基准物质碳酸钠及硼砂的分子式和化学性质。
2. 掌握 HC1 标准溶液的配制、标定过程。
3. 掌握强酸滴定二元弱碱的滴定过程、突跃范围及指示剂的选择。
4. 掌握定量转移操作的基本要点。
5. 学生根据自己选择的检测对象，在图书馆查阅有关文献、资料，进行归纳整理，写出实验方案（包括分析步骤、记录、数据处理、问题讨论等）。

二、实验原理

工业纯碱的主要成分为碳酸钠，商品名为苏打，其中可能还含有少量 NaC1，Na_2SO_4，NaOH 及 $NaHCO_3$ 等成分。常以 HC1 标准溶液为滴定剂测定总碱度来衡量产品的质量。滴定反应为

$$Na_2CO_3+2HCl===2NaCl+H_2CO_3$$

$$H_2CO_3===CO_2\uparrow+H_2O$$

反应产物 H_2CO_3 易形成过饱和溶液并分解为 CO_2 逸出。化学计量点时溶液 pH 为 3.8 至 3.9，可选用甲基橙为指示剂，用 HCl 标准溶液滴定，溶液由黄色变为橙色即为终点。试样中的 $NaHCO_3$ 同时被中和。

由于试样易吸收水分和 CO_2，应在 270～300℃将试样烘干 2h，以除去吸附水并使 $NaHCO_3$ 全部转化为 Na_2CO_3，工业纯碱的总碱度通常以 W（Na_2CO_3）或 W（Na_2O）表示，由于试样均匀性较差，应称取较多试样，使其更具代表性。测定的允许误差可适当放宽一点。

三、主要试剂和仪器

1. HCl 溶液 0.1mol·L^{-1} 配制时应在通风橱中操作。用量杯（或量筒）量取原装浓盐酸约

9mL，倒入试剂瓶中，加水稀释至 1L，充分摇匀。

2. 无水 Na_2CO_3 于 180℃干燥 2-3h。也可将 $NaHCO_3$ 置于瓷坩埚内，在 270～300℃的烘箱内干燥 1h，使之转变为 Na_2CO_3。然后放入干燥器内冷却后备用。

3. 甲基橙指示剂 $1g·L^{-1}$。

4. 甲基红 $2g·L^{-1}$ 60%的乙醇溶液。

5. 甲基红-溴甲酚绿混合指示剂   将 $2g·L^{-1}$ 甲基红的乙醇溶液与 $1g·L^{-1}$ 溴甲酚绿乙醇溶液以 1+3 体积相混合。

6. 硼砂（$Na_2B_4O_7·10H_2O$）应在置有 NaC1 和蔗糖的饱和溶液的干燥器内保存，以使相对湿度为 60%，防止结晶水失去。

四、实验提示

1. 选择检测对象

学生在下面体系中挑选一组试剂进行方法设计（设定待测组分浓度为 $0.1mol·L^{-1}$）。

（1）NH_3 水-NH_4Cl 混和液；

（2）HAC-NaAC 混和液；

（3）HCl-NH_4Cl 混和液；

（4）工业碱固体试样；

（5）K_2HPO_4-KH_2PO_4 混和液；

（6）NaOH-Na_3PO_4 混和液；

（7）HAC-H_2SO_4 混和液；

（8）H_2SO_4-H_3PO_4 混和液；

2. 方法设计的基本思路

判断能否准确滴定→可用哪几种方法滴定→采用什么滴定剂→产物是什么→产物溶液 pH 值是多少→选用那种指示剂→推导待测组分滴定结果的计算公式→终点误差分析。

五、思考题

1. 无水 Na_2CO_3 保存不当，吸收了 1%的水分，用此基准物质标定 HCl 溶液浓度时，对其结果产生何种影响？

2. 甲基橙，甲基红及甲基红-溴甲酚绿混合指示剂的变色范围各为多少？混合指示剂优点是什么？

3. 标定 HCl 的两种基准物质 Na_2CO_3 和 $Na_2B_4O_7·10H_2O$ 各有哪些优缺点？

4. 在以 HCl 溶液滴定时，怎样使用甲基橙及酚酞两种指示剂来判别试样是由 NaOH-Na_2CO_3 或 Na_2CO_3-$NaHCO_3$ 组成的？

实验三十七   食品中有机酸的总酸度测定（综合设计实验）

果蔬、乳品及乳制品等食品中有机酸是它们特有的酸味物质，通常是以游离态或酸式盐形式存在，有机酸的含量对食品的质量、风味和颜色等有着直接的影响。

一、实验目的

1. 学习样品的预处理方法。

2. 熟练掌握称量和滴定分析的基本操作。

3. 作为设计实验，学生应到图书馆查阅有关文献及测定方法的资料，完成实验设计（包括仪器、试剂、配制溶液的方法、标准溶液的标定、实验步骤、结果和数据处理等）。

二、实验原理

水果及加工品中富含有机酸，如乙酸、柠檬酸、苹果酸、酒石酸等，这些有机酸可以用碱标准溶液滴定，终点时溶液呈碱性，因此，使用酚酞作指示剂，根据所消耗的碱标准溶液的浓度和体积，求出食品中的总酸度。

$$w_{有机酸} = \frac{c(NaOH) \cdot V(NaOH) \cdot K}{m_x}$$

式中　K 为有机酸基本单元的式量 $M_B \times 10^{-3}$，乙酸取值 0.060、柠檬酸取值 0.064、苹果酸取值 0.067、酒石酸取值 0.075、琥珀酸取值 0.059、草酸取值 0.045；

m_x 为实际滴定的试样量（g）；

$V(NaOH)$ 为滴定果品试样所消耗的 NaOH 标准溶液体积（mL）

由于食品中的酸值较低，因此，实验中应用水样做空白实验或煮沸除去 CO_2，扣除空白的影响。

三、仪器和试剂

1. 0.05mol·L^{-1}NaOH 溶液；

2. 邻苯二甲酸氢钾为基准试剂；

3. 0.2%酚酞的指示剂。

四、实验内容提示

1. NaOH 溶液的标定（操作方法见前相关实验）

2. 食品试样总酸度的测定

准确称取制成糊状的果肉约 20g ，放在干净的小烧杯中，用适量的去离子水定量地将食品样冲洗，倒入 250mL 的容量瓶中，加去离子水定容、摇匀。以备滴定实验使用。

3. 测量数据及处理

（1）给出测量数据、实际计算的公式。

（2）求出 NaOH 溶液的准确浓度及其平均值、相对偏差和平均相对偏差。

（3）求出食品样的总酸度及其精密度。

五、实验要求

1. 作为设计实验，学生应到图书馆查阅有关文献，拟定实验方案，写出详细步骤。

2. 本实验要求拟定实验方案，包括实验题目、实验目的、实验原理、仪器与试剂、实验步骤、配制溶液的方法、标准溶液的标定、实验步骤、结果和数据处理等。

3. 自行安装和调试仪器，自配试剂，且独立完成，至少测定两种不同试样。

4. 根据拟定方案进行实验。实验中若发现问题，应及时对实验方案进行调整、修正。

5. 实验完成后，写出实验报告。

六、思考题

1. 做空白实验的目的是什么？

2. 测定时，用什么仪器称取食品试样？称量数据应精确到几位？

3. 本测定中，将样品残渣也一起进行定容对结果有无影响

实验三十八　铅、铋混合液中 Bi^{3+} 和 Pb^{2+} 含量的测定（综合设计实验）

一、实验目的及要求

1. 了解由调节酸度提高 EDTA 选择性的原理。

2. 掌握用 EDTA 进行连续滴定的方法。

3. 应用学过的理论知识，在总结有关实验操作的基础上，采用配位滴定法，自行设计测定 Bi^{3+}、Pb^{2+} 混和液含量的方案。

二、实验原理

混合离子的滴定常用控制酸度法、掩蔽法进行，可根据有关副反应系数论证对它们分别滴定的可能性。

Bi^{3+}，Pb^{2+} 均能与 EDTA 形成稳定的 1:1 配合物，$\lg K_f^{\theta}$ 分别为 27.94 和 18.04。由于两者的 $\lg K_f^{\theta}$ 相关很大，故可利用酸效应，控制不同的酸度，进行分别滴定。在 pH≈1 时滴定 Bi^{3+}，在 PH≈5～6 时滴定 Pb^{2+}。

在 Bi^{3+}-Pb^{2+} 混合溶液中，首先调节溶液的 pH≈1，以二甲酚橙为指示剂，Bi^{3+} 与指示剂形成紫红色配合物（Pb^{2+} 在此条件下不会与二甲酚橙形成有色配合物），用 EDTA 标液滴定 Bi^{3+}，当溶液由紫红色恰变为黄色，即为滴定 Bi^{3+} 的终点。

在滴定 Bi^{3+} 后的溶液中，加入六亚甲基四胺溶液，调节溶液 pH=5～6，此时 Pb^{2+} 与二甲酚橙形成紫红色配合物，溶液再次呈现紫红色，然后用 EDTA 标液继续滴定，当溶液由紫红色恰转变为黄色时，即为滴定 Pb^{2+} 的终点。

三、主要试剂和仪器

1. EDTA（分析纯）固体。

2. 指示剂　二甲酚橙　$2g·L^{-1}$。

3. 六亚甲基四胺溶液　$200g·L^{-1}$。

4. HC1 溶液　　（1+1）。

5. Bi^{3+}，Pb^{2+} 混合液

四、设计提示

本实验混和液 Bi^{3+}-Pb^{2+} 浓度大约为 $0.02mol \cdot L^{-1}$，pH=0.5～1.0。

提供试剂：EDTA（分析纯）固体，缓冲溶液、指示剂。

五、设计要求

1. 有关资料，设计出 详细的实施方案（包括实验目的、实验要求、实验原理、详细的操作步骤、实验用品、以及注意事项和有关的化学反应式）。经指导教师审阅批准后方可进行实验。

2. 实验原理需讨论以下几个问题

（1）能否连续滴定？

（2）合适的 pH 值

（3）选用何种指示剂？为什么？

（4）选用的缓冲溶液组分计 pH 值？

3. 写出完整的实验报告

Bi^{3+}-Pb^{2+}含量以质量浓度表示，单位为 $g \cdot L^{-1}$。

4. 针对实验结果,分析在本实验中应注意的关键问题.

六、思考题

1. 描述连续滴定 Bi^{3+}，Pb^{2+}过程中，锥形瓶中颜色变化的情形，以及颜色变化的原因。

2. 为什么不用 NaOH，NaAc 或 $NH_3 \cdot H_2O$，而用六亚甲基四胺调节 pH 到 5～6？

实验三十九　蔬菜、食品中铁和钙的测定（综合设计实验）

一、实验目的

1. 学习样品的预处理方法。

2. 综合运用所学知识，会用仪器分析法（如分光光度法）和滴定分析法测定物质含量。

3. 练习灵活运用各种基本操作的能力和查阅资料的能力。

二、实验原理

食品中的金属元素，由于常可与蛋白质、维生素等有机物结合成难溶或难于解离的物质，因此，在测定前需要先破坏有机结合体，释放出被测组分。通常采用有机破坏法，该法是在高温条件下加入氧化剂，使有机物质分解。让其中的碳、氢、氧等元素生成二氧化碳和水，以气体形式逸出。从而使被测的金属元素以氧化物或无机盐的形式残留下来。

有机物的破坏法又可分为干法和湿法两种，可以查阅有关资料。

常量组分的测定可采用滴定分析法，而微量和痕量组分的测定不宜用滴定分析法，应使用仪器分析法，如食品中微量铁的测定可采用分光光度法，食品中较高含量的钙可采用滴定法。

三、实验内容提示

1. 样品的处理（可用干法或湿法）
2. 条件实验
3. 样品的铁和钙的测定
4. 回收实验

四、实验要求

1. 查阅有关文章，拟定实验方案，写出实验步骤。
2. 本实验要求测定蔬菜、茶叶、鸡蛋黄、虾皮等食品中铁和钙的含量。要求每种物质单独拟定实验方案，包括实验题目、实验目的、实验原理、仪器与试剂、实验步骤等。
3. 自行安装和调试仪器，自配试剂，且独立完成，至少测定两种不同试样。
4. 根据拟定方案进行实验。实验中若发现问题，应及时对实验方案进行调整、修正。
5. 实验完成后，写出实验报告。

五、实验指导

1. 采用单因素的条件试验方法确定实验条件。（注意：平行测定三次）
2. 对所选实验方法是否可信，需检验其准确度和精密度。可用标准样与未知样做平行测定，将结果进行比较，并检验是否存在显著性差异。还可采用回收率实验，在试样中加入一定量的待测组分，在最佳条件下进行 n 次平行测定，计算每次的回收率。

六、思考题

1. 如何确定组分的出峰顺序？
2. 定量的方法还有那些？

实验四十　水和土壤中有机磷农药残留量的测定（综合设计实验）

一、实验目的

1. 学习复杂样品的萃取技术.
2. 学习并掌握水和土壤中有机磷农药残留的测定方法.

二、实验原理

采用合适的有机溶剂萃取水或土壤中的有机磷农药。使用气相色谱氮磷检测器测定有机磷农药的含量，如速灭磷、甲拌磷、二嗪磷、异稻瘟净、甲基对硫磷、溴硫磷、水胺硫磷、杀扑磷等等。

三、仪器和试剂

1. 仪器
气相色谱仪，色谱工作站，水浴锅，微量注射器（5 μL，10μL），玻璃磨口样品瓶，旋转蒸发仪，振荡器，真空泵；分液漏斗（500mL），具塞锥形瓶（300mL），吸滤瓶（500mL），布式漏斗，平底烧瓶（250mL）。

2. 主要试剂

农药标准样品（速灭磷、甲拌磷、二嗪磷、异稻瘟净、甲基对硫磷、溴硫磷、水胺硫磷、杀扑磷，含量95%～99%），二氯甲烷（CH_2Cl_2，AR），三氯甲烷（$CHCl_3$，AR），丙酮（CH_3COCH_3，AR），石油醚（沸点60～90℃），乙酸乙酯（$CH_3COOC_2H_5$，AR），磷酸（H_3PO_4，85%，AR）氯化铵（NH_4Cl，85%，AR），氯化钠（NaCl，AR），无水硫酸钠（Na_2SO_4，AR，300℃烘4h），助滤剂 Celite 545，玻璃棉，固定液（OV-17，苯基甲基硅酮），氮气（99.9%，氧的体积积分数低于$5×10^{-6}$），氢气，空气

四、实验内容

1. 色谱柱的处理
（1）色谱柱的预处理
（2）固定液涂
（3）色谱柱的填充
（4）色谱柱的老化
2. 仪器的调整
3. 标准样品的制备及标准样品图的获得
4. 水样的提取及净化
5. 土样的提取及净化
6. 样品分析
7. 结果处理

根据标准色谱图各组分的保留时间来确定被测试样中出现的组分数目和名称，计算出各组分的含量（$mg·kg^{-1}$或$mg·L^{-1}$）

五、思考题

1. 如何确定组分的出峰顺序？
2. 定量的方法还有那些？

实验四十一　土壤、苹果及血清中钙的提取和测定（设计性实验）

一、实验目的

1. 熟悉和掌握用原子吸收法测定 Ca 的定量分析方法。
2. 掌握用原子吸收光谱法测定土壤、苹果和血清样品中的 Ca。

二、设计提示

本实验用火焰原子吸收光谱法测定题中所述试样中的 Ca，建议依据题意先查阅有关文献或专著，通过主题词（查文摘的年度、索引或卷索引、查专著目录等时用）如"原子吸收光

谱法"、"钙"、"土壤"、"苹果"、"血清"等，了解实验原理、方法及可能的实验步骤等。从而拟定实验方案，选择仪器药品时，还必须考虑到价廉易得，使用安全、操作简便、不污染环境等诸因素。

三、设计要求

1. 根据指定的仪器和样品，拟订样品的处理及分析方案。

2. 设计实验应写的内容包括：实验目的、实验要求、实验原理、实验仪器和试剂、操作步骤、数据处理、注意事项等。

3. 设计并写出规范的实验报告。

实验四十二　水杨酸的分子量测定（设计性实验）

一、提示

可采用蒸汽压下将或沸点升高法分别设计方案进行测定。

二、要求

设计实验方案分别测定水杨酸溶液及纯溶剂在某种温度下的蒸汽压在某压力下的沸点。完成实验测定，书写实验报告。

附　录　一

表 1　弱酸、弱碱在水中的离解常数（25℃）

（一）弱酸的离解常数

弱酸	化学式	pK_a^θ	K_a^θ
砷酸	H_3AsO_4	$pK_{a1}^\theta = 2.19$	$K_{a1}^\theta = 6.5 \times 10^{-3}$
		$pK_{a2}^\theta = 6.96$	$K_{a2}^\theta = 1.1 \times 10^{-7}$
		$pK_{a3}^\theta = 11.50$	$K_{a3}^\theta = 3.2 \times 10^{-12}$
亚砷酸	$HAsO_2$	9.22	6.0×10^{-10}
硼酸	H_3BO_3	9.24	5.8×10^{-10}
碳酸	H_2CO_3	$pK_{a1}^\theta = 6.38$	$K_{a1}^\theta = 4.2 \times 10^{-7}$
		$pK_{a2}^\theta = 10.25$	$K_{a2}^\theta = 5.6 \times 10^{-11}$
氢氰酸	HCN	9.31	4.9×10^{-10}
氰酸	$HCNO$	3.48	3.3×10^{-4}
铬酸	H_2CrO_4	$pK_{a1}^\theta = -0.2(20℃)$	$K_{a1}^\theta = 5.8 \times 10^{-10}$
		$pK_{a2}^\theta = 6.49$	$K_{a2}^\theta = 3.2 \times 10^{-7}$
氢氟酸	HF	3.17	6.8×10^{-4}
碘酸	HIO_3	0.77	0.17
亚硝酸	HNO_2	3.15	7.1×10^{-4}
过氧化氢	H_2O_2	11.65	2.2×10^{-12}
磷酸	H_3PO_4	$pK_{a1}^\theta = 2.12$	$K_{a1}^\theta = 7.5 \times 10^{-3}$
		$pK_{a2}^\theta = 7.20$	$K_{a2}^\theta = 6.3 \times 10^{-8}$
		$pK_{a3}^\theta = 12.36$	$K_{a3}^\theta = 4.4 \times 10^{-13}$
焦磷酸	$H_4P_2O_7$	$pK_{a1}^\theta = 0.8$	$K_{a1}^\theta = 0.2$
		$pK_{a2}^\theta = 2.2$	$K_{a2}^\theta = 6 \times 10^{-8}$
		$pK_{a3}^\theta = 6.70$	$K_{a3}^\theta = 2.0 \times 10^{-7}$
		$pK_{a4}^\theta = 9.40$	$K_{a4}^\theta = 4.0 \times 10^{-10}$
亚磷酸	H_2PO_3	$pK_{a1}^\theta = 1.5$	$K_{a1}^\theta = 3 \times 10^{-2}$
		$pK_{a2}^\theta = 6.79$	$K_{a2}^\theta = 1.6 \times 10^{-7}$
氢硫酸	H_2S	$pK_{a1}^\theta = 7.05$	$K_{a1}^\theta = 8.9 \times 10^{-8}$
		$pK_{a2}^\theta = 13.92$	$K_{a2}^\theta = 1.2 \times 10^{-14}$
硫酸	H_2SO_4	$pK_{a2}^\theta = 1.92$	$K_{a2}^\theta = 1.2 \times 10^{-2}$
亚硫酸	H_2SO_3	$pK_{a1}^\theta = 1.89$	$K_{a1}^\theta = 1.3 \times 10^{-2}$
		$pK_{a2}^\theta = 7.20$	$K_{a2}^\theta = 6.3 \times 10^{-8}$

（续）

弱酸	化学式	pK_a^θ	K_a^θ
硫代硫酸	$H_2S_2O_3$	$pK_{a1}^\theta = 0.6$	$K_{a1}^\theta = 0.3$
		$pK_{a2}^\theta = 1.6$	$K_{a2}^\theta = 3 \times 10^{-2}$
硫氰酸	HSCN	0.9	0.1
偏硅酸	H_2SiO_3	$pK_{a1}^\theta = 9.77$	$K_{a1}^\theta = 1.7 \times 10^{-10}$
		$pK_{a2}^\theta = 11.8$	$K_{a2}^\theta = 2 \times 10^{-12}$
甲酸	HCOOH	3.77	1.7×10^{-4}
醋酸（乙酸）	CH_3COOH	4.76	1.8×10^{-5}
丙酸	CH_3CH_2COOH	4.87	1.3×10^{-5}
丁酸	$CH_3(CH_2)_2COOH$	4.82	1.5×10^{-10}
戊酸	$CH_3(CH_2)_3COOH$	4.84	1.4×10^{-5}
一氯乙酸	$ClCH_2COOH$	2.86	1.4×10^{-3}
二氯乙酸	$Cl_2CHCOOH$	1.26	5.5×10^{-2}
三氯乙酸	Cl_3CCOOH	0.23	0.64
羟基乙酸	$CH_2(OH)COOH$	3.83	1.5×10^{-4}
乳酸	$CH_3CH(OH)COOH$	3.88	1.3×10^{-4}
苯甲酸	C_6H_5COOH	4.21	6.2×10^{-5}
苯酚	C_6H_5OH	9.95	1.1×10^{-10}
草酸	$H_2C_2O_4$	$pK_{a1}^\theta = 1.25$	$K_{a1}^\theta = 5.6 \times 10^{-2}$
		$pK_{a2}^\theta = 4.29$	$K_{a2}^\theta = 5.1 \times 10^{-5}$
丁二酸	$\begin{array}{c} CH_2CO_2H \\ \vert \\ CH_2CO_2H \end{array}$	$pK_{a1}^\theta = 4.21$	$K_{a1}^\theta = 6.1 \times 10^{-5}$
		$pK_{a2}^\theta = 5.64$	$K_{a2}^\theta = 1.7 \times 10^{-10}$
d–酒石酸	$\begin{array}{c} CH(OH)CO_2H \\ \vert \\ CH(OH)CO_2H \end{array}$	$pK_{a1}^\theta = 3.04$	$K_{a1}^\theta = 9.2 \times 10^{-4}$
		$pK_{a2}^\theta = 4.37$	$K_{a2}^\theta = 4.3 \times 10^{-5}$
邻苯二甲酸	⬡—CO₂H / —CO₂H	$pK_{a1}^\theta = 2.950$	$K_{a1}^\theta = 1.3 \times 10^{-3}$
		$pK_{a2}^\theta = 5.409$	$K_{a2}^\theta = 2.9 \times 10^{-6}$
氨基乙酸	$^+NH_3CH_2COOH$	2.35	4.5×10^{-3}
顺丁烯二酸（马来酸）	$\begin{array}{c} CHCO_2H \\ \Vert \\ CHCO_2H \end{array}$	9.78	1.7×10^{-10}
反丁烯二酸（富马酸）	$\begin{array}{c} CHCO_2H \\ \Vert \\ HO_2CCH \end{array}$	$pK_{a1}^\theta = 3.65$	$K_{a1}^\theta = 8.9 \times 10^{-4}$
		$pK_{a2}^\theta = 4.49$	$K_{a2}^\theta = 3.2 \times 10^{-5}$
邻苯二酚	⬡—OH / —OH	$pK_{a1}^\theta = 9.40$	$K_{a1}^\theta = 4.0 \times 10^{-10}$
		$pK_{a2}^\theta = 12.8$	$K_{a2}^\theta = 2 \times 10^{-13}$
水杨酸	⬡—CO₂H / —OH	$pK_{a1}^\theta = 2.97$	$K_{a1}^\theta = 1.1 \times 10^{-3}$
		$pK_{a2}^\theta = 13.74$	$K_{a2}^\theta = 1.8 \times 10^{-14}$
磺基水杨酸	O_3S—⬡—CO₂H / —OH	$pK_{a1}^\theta = 2.33$	$K_{a1}^\theta = 4.7 \times 10^{-3}$
		$pK_{a2}^\theta = 11.32$	$K_{a2}^\theta = 4.8 \times 10^{-4}$

（续）

弱酸	化学式	pK_a^θ	K_a^θ
柠檬酸	CH_2CO_2H | $C(OH)CO_2H$ | CH_2CO_2H	$pK_{a1}^\theta = 3.13$ $pK_{a2}^\theta = 4.74$ $pK_{a3}^\theta = 6.40$	$K_{a1}^\theta = 7.4 \times 10^{-4}$ $K_{a2}^\theta = 1.8 \times 10^{-5}$ $K_{a3}^\theta = 4.0 \times 10^{-5}$
乙二胺 四乙酸	$CH_2\overset{+}{N}H(CH_2CO_2H)_2$ | $CH_2\underset{+}{N}H(CH_2CO_2H)_2$	$pK_{a1}^\theta = 0.9$ $pK_{a2}^\theta = 1.6$ $pK_{a3}^\theta = 2.07$ $pK_{a4}^\theta = 2.75$ $pK_{a5}^\theta = 6.24$ $pK_{a6}^\theta = 10.34$	$K_{a1}^\theta = 1 \times 10^{-1}$ $K_{a2}^\theta = 3 \times 10^{-2}$ $K_{a3}^\theta = 8.5 \times 10^{-3}$ $K_{a4}^\theta = 1.8 \times 10^{-3}$ $K_{a5}^\theta = 5.8 \times 10^{-7}$ $K_{a6}^\theta = 4.6 \times 10^{-11}$

（二）弱碱在水中的离解常数

弱　碱	化学式	pK_b^θ	K_b^θ
氨	NH_3	4.75	1.8×10^{-5}
羟胺	$HONH_2$	8.04	9.1×10^{-9}
甲胺	CH_3NH_2	3.38	4.2×10^{-4}
乙胺	$CH_3CH_2NH_2$	3.37	4.3×10^{-4}
丁胺	$CH_3(CH_2)_3NH_2$	3.36	4.4×10^{-4}
二甲胺	$(CH_3)_2NH$	3.23	5.9×10^{-4}
二乙胺	$(CH_3CH_2)_2NH$	3.07	8.5×10^{-4}
三乙胺	$(CH_3CH_2)_3N$	3.29	5.2×10^{-4}
乙醇胺	$HOCH_2CH_2NH_2$	4.5	3.2×10^{-5}
三乙醇胺	$(HOCH_2CH_2)_3N$	6.24	5.8×10^{-7}
苯胺	$C_6H_5NH_2$	9.40	4.0×10^{-10}
邻甲苯胺		9.55	2.8×10^{-10}
对甲苯胺		8.92	1.2×10^{-9}
六亚甲基四胺	$(CH_2)_6N_4$	8.85	1.4×10^{-9}
咪唑		7.01	9.8×10^{-8}
吡啶		8.74	1.8×10^{-9}
哌啶		2.88	1.3×10^{-3}

（续）

弱　碱	化学式	pK_b^{θ}	K_b^{θ}
喹啉		9.12	7.6×10^{-10}
乙二胺	$H_2NCH_2CH_2NH_2$	4.07 7.15	8.5×10^{-5} 7.1×10^{-8}
8–羟基喹啉	C_9H_6NOH	4.19 9.09	6.5×10^{-9} 8.1×10^{-10}

表 2　金属离子–氨羧配合剂配合物的形成常数

金属离子	EDTA			EGTA		HEDTA	
	$\lg K_f^{\theta}(MHL)$	$\lg K_f^{\theta}(ML)$	$\lg K_f^{\theta}(MOHL)$	$\lg K_f^{\theta}(MHL)$	$\lg K_f^{\theta}(ML)$	$\lg K_f^{\theta}(ML)$	$\lg K_f^{\theta}(MOHL)$
Ag^+	6.0	7.32					
Al^{3+}	2.5	16.13	8.1				
Ba^{2+}	4.6	7.76		5.4	8.4	6.2	
Bi^{3+}		27.94					
Ca^{2+}	3.1	10.70		3.8	11.0	8.0	
Ce^{3+}		16.0					
Cd^{2+}	2.9	16.46		3.5	15.6	13.0	
Co^{2+}	3.1	16.31			12.3	14.4	
Co^{3+}	1.3	36.0					
Cr^{3+}	2.3	23.0	6.6				
Cu^{2+}	3.0	18.80	2.5	4.4	17	17.4	
Fe^{2+}	2.8	14.3				12.2	5.0
Fe^{3+}	1.4	25.1	6.5			19.8	10.1
Hg^{2+}	3.1	21.80	4.9	3.0	23.2	20.1	
La^{3+}		15.4			15.6	13.2	
Mg^{2+}	3.9	8.69		7.7	5.2	5.2	
Mn^{2+}	3.1	13.79		5.0	11.5	10.7	
Ni^{2+}	3.2	18.62		6.0	12.0	17.0	
Pb^{2+}	2.8	18.04		5.3	13.0	15.5	
Sn^{2+}		22.1					
Sr^{2+}	3.9	8.63		5.4	8.5	6.8	
Th^{4+}		23.2					8.6
Ti^{3+}		21.3					
TiO^{2+}		17.3					
Zn^{2+}	3.0	16.50		5.2	12.8	14.5	

表 3　标准电极电势（18～25℃）

半　反　应	φ^{θ}/V
$Li^+ + e^- \rightleftharpoons Li$	−3.045
$K^+ + e^- \rightleftharpoons K$	−2.924
$Ba^{2+} + 2e^- \rightleftharpoons Ba$	−2.90
$Sr^{2+} + 2e^- \rightleftharpoons Sr$	−2.89
$Ca^{2+} + 2e^- \rightleftharpoons Ca$	−2.76
$Na^+ + e^- \rightleftharpoons Na$	−2.711
$Mg^{2+} + 2e^- \rightleftharpoons Mg$	−2.375
$Al^{3+} + 3e^- \rightleftharpoons Al$	−1.706
$ZnO_2^{2-} + 2H_2O + 2e^- \rightleftharpoons Zn + 4OH^-$	−1.216
$Mn^{2+} + 2e^- \rightleftharpoons Mn$	−1.18
$Sn(OH)_6^{2+} + 2e^- \rightleftharpoons HsnO_2^- + 3OH^- + H_2O$	−0.96
$SO_4^{2-} + H_2O + 2e^- \rightleftharpoons SO_3^{2-} + 2OH^-$	−0.92
$TiO_2 + 4H^+ + 4e^- \rightleftharpoons Ti + 2H_2O$	−0.89
$2H_2O + 2e^- \rightleftharpoons H_2 + 2OH^-$	−0.828
$HsnO_2^- + H_2O + 2e^- \rightleftharpoons Sn + 3OH^-$	−0.79
$Zn^{2+} + 2e^- \rightleftharpoons Zn$	−0.763
$Cr^{3+} + 3e^- \rightleftharpoons Cr$	−0.74
$AsO_4^{3+} + 2H_2O + 2e^- \rightleftharpoons AsO_2^- + 4OH^-$	−0.71
$S + 2e^- \rightleftharpoons S^{2-}$	−0.508
$2CO_2 + 2H^+ + 2e^- \rightleftharpoons H_2C_2O_4$	−0.49
$Cr^{3+} + e^- \rightleftharpoons Cr^{2+}$	−0.41
$Fe^{2+} + 2e^- \rightleftharpoons Fe$	−0.409
$Cd^{2+} + 2e^- \rightleftharpoons Cd$	−0.403
$Cu_2O + H_2O + 2e^- \rightleftharpoons 2Cu + 2OH^-$	−0.361
$Co^{2+} + 2e^- \rightleftharpoons Co$	−0.28
$Ni^{2+} + 2e^- \rightleftharpoons Ni$	−0.246
$AgI + e^- \rightleftharpoons Ag + I^-$	−0.15
$Sn^{2+} + 2e^- \rightleftharpoons Sn$	−0.136
$Pb^{2+} + 2e^- \rightleftharpoons Pb$	−0.126
$CrO_4^{2-} + 4H_2O + 3e^- \rightleftharpoons Cr(OH)_3 + 5OH^-$	−0.12
$Ag_2S + 2H^+ + 2e^- \rightleftharpoons 2Ag + H_2S$	−0.036
$Fe^{3+} + 3e^- \rightleftharpoons Fe$	−0.036
$2H^+ + 2e^- \rightleftharpoons H_2$	0.000
$NO_3^- + H_2O + 2e^- \rightleftharpoons NO_2^- + 2OH^-$	0.01
$TiO^{2+} + 2H^+ + e^- \rightleftharpoons Ti^{3+} + H_2O$	0.10

（续）

半　反　应	φ^{θ}/V
$S_4O_6^{2-} + 2e^- \rightleftharpoons 2S_2O_3^{2-}$	0.09
$AgBr + e^- \rightleftharpoons Ag + Br^-$	0.10
$S + 2H^+ + 2e^- \rightleftharpoons H_2S(水溶液)$	0.141
$Sn^{4+} + 2e^- \rightleftharpoons Sn^{2+}$	0.15
$Cu^{2+} + e^- \rightleftharpoons Cu^+$	0.158
$BiOCl + 2H^+ + 3e^- \rightleftharpoons Bi + Cl^- + H_2O$	0.158
$SO_4^{2-} + 4H^+ + 2e^- \rightleftharpoons H_2SO_3 + H_2O$	0.20
$AgCl + e^- \rightleftharpoons Ag + Cl^-$	0.22
$IO_3^- + 3H_2O + 6e^- \rightleftharpoons I^- + 6OH^-$	0.26
$Hg_2Cl_2 + 2e^- \rightleftharpoons 2Hg + 2Cl^-(0.1mol \cdot L^{-1} NaOH)$	0.268
$Cu^{2+} + 2e^- \rightleftharpoons Cu$	0.340
$VO^{2+} + 2H^+ + e^- \rightleftharpoons V^{3+} + H_2O$	0.36
$[Fe(CN)_6]^{3-} + e^- \rightleftharpoons [Fe(CN)_6]^{4-}$	0.36
$2H_2SO_3 + 2H^+ + 4e^- \rightleftharpoons S_2O_3^{2-} + 3H_2O$	0.40
$Cu^+ + e^- \rightleftharpoons Cu$	0.522
$I_3^- + e^- \rightleftharpoons 3I^-$	0.534
$I_2 + 2e^- \rightleftharpoons 2I^-$	0.535
$IO_3^- + 2H_2O + 4e^- \rightleftharpoons IO^- + 4OH^-$	0.56
$MnO_4^- + e^- \rightleftharpoons MnO_4^{2-}$	0.56
$H_3AsO_4 + 2H^+ + 2e^- \rightleftharpoons HAsO_2 + 2H_2O$	0.56
$MnO_4^- + 2H_2O + 3e^- \rightleftharpoons MnO_2 + 4OH^-$	0.58
$O_2 + 2H^+ + 2e^- \rightleftharpoons 2H_2O_2$	0.682
$Fe^{3+} + e^- \rightleftharpoons Fe^{2+}$	0.77
$Hg_2^{2+} + 2e^- \rightleftharpoons 2Hg$	0.796
$Ag^+ + e^- \rightleftharpoons Ag$	0.799
$Hg^{2+} + 2e^- \rightleftharpoons Hg$	0.851
$2Hg^{2+} + 2e^- \rightleftharpoons Hg_2^{2+}$	0.907
$NO_3^- + 3H^+ + 2e^- \rightleftharpoons HNO_2 + H_2O$	0.94
$NO_3^- + 4H^+ + 3e^- \rightleftharpoons NO + 2H_2O$	0.96
$HNO_2 + H^+ + e^- \rightleftharpoons NO + H_2O$	0.99
$VO_2^+ + 2H^+ + e^- \rightleftharpoons VO^{2+} + H_2O$	1.00
$N_2O_4 + 4H^+ + 4e^- \rightleftharpoons 2NO + 2H_2O$	1.03
$Br_2 + 2e^- \rightleftharpoons 2Br^-$	1.08
$IO_3^- + 6H^+ + 6e^- \rightleftharpoons I^- + 3H_2O$	1.085
$IO_3^- + 6H^+ + 5e^- \rightleftharpoons 1/2I_2 + 3H_2O$	1.195
$MnO_2 + 4H^+ + 2e^- \rightleftharpoons Mn^{2+} + 2H_2O$	1.23

（续）

半　反　应	φ^{θ}/V
$O_2 + 4H^+ + 4e^- \rightleftharpoons 2H_2O$	1.23
$Au^{3+} + 2e^- \rightleftharpoons Au^+$	1.29
$Cr_2O_7^{2-} + 14H^+ + 6e^- \rightleftharpoons 2Cr^{3+} + 7H_2O$	1.33
$Cl_2 + 2e^- \rightleftharpoons 2Cl^-$	1.358
$BrO_3^- + 6H^+ + 6e^- \rightleftharpoons Br^- + 3H_2O$	1.44
$Ce^{4+} + e^- \rightleftharpoons Ce^{3+}$	1.443
$ClO_3^- + 6H^+ + 6e^- \rightleftharpoons Cl^- + 3H_2O$	1.45
$PbO_2 + 4H^+ + 2e^- \rightleftharpoons Pb^{2+} + 2H_2O$	1.46
$MnO_4^- + 8H^+ + 5e^- \rightleftharpoons Mn^{2+} + 4H_2O$	1.491
$Mn^{3+} + e^- \rightleftharpoons Mn^{2+}$	1.51
$BrO_3^- + 6H^+ + 5e^- \rightleftharpoons 1/2Br_2 + 3H_2O$	1.52
$HClO + H^+ + e^- \rightleftharpoons 1/2Cl_2 + H_2O$	1.63
$MnO_4^- + H^+ + 3e^- \rightleftharpoons MnO_2 + 2H_2O$	1.679
$H_2O_2 + 2H^+ + 2e^- \rightleftharpoons 2H_2O$	1.776
$Co^{3+} + e^- \rightleftharpoons Co^{2+}$	1.842
$O_2 + 2H^+ + 2e^- \rightleftharpoons O_2 + H_2O$	2.07
$F_2 + 2e^- \rightleftharpoons 2F^-$	2.87

表 4　条件电极电势θ'

半反应	$\varphi^{\theta'}$ / V	介质
$Ag(II) + e^- \rightleftharpoons Ag^+$	1.927	4 mol·L^{-1} HNO$_3$
$Ce(IV) + e^- \rightleftharpoons Ce(III)$	1.70	1 mol·L^{-1} HClO$_4$
	1.61	1 mol·L^{-1} HNO$_3$
	1.44	0.5 mol·L^{-1} H$_2$SO$_4$
	1.28	1 mol·L^{-1} HCl
$Co^{3+} + e^- \rightleftharpoons Co^{2+}$	1.85	4mol·L^{-1} HNO$_3$
$[Co(乙胺)_3]^{3+} + e^- \rightleftharpoons [Co(乙二胺)_3]^{2+}$	−0.2	0.1 mol·L^{-1} KNO$_3$ + 0.1 mol·L^{-1} 乙二胺
$Cr(III) + e^- \rightleftharpoons Cr(II)$	−0.40	5 mol·L^{-1} HCl
	1.00	1 mol·L^{-1} HCl
	1.025	1 mol·L^{-1} HClO$_4$
$Cr_2O_7^{2-} + 2H_2O + 3e^- \rightleftharpoons 2Cr^{3+} + 7H_2O$	1.08	3 mol·L^{-1} HCl
	1.05	2mol·L^{-1} HCl
	1.15	4mol·L^{-1} H$_2$SO$_4$
$CrO_4^{2-} + 2H_2O + 3e^- \rightleftharpoons CrO_2^- + 4OH^-$	−0.12	1mol·L^{-1} NaOH
$Fe(III) + e^- \rightleftharpoons Fe(II)$	0.73	1mol·L^{-1} HClO$_4$
	0.71	0.5 mol·L^{-1} HCl

（续）

半反应	φ^{θ} / V	介质
	0.68	$1mol \cdot L^{-1}$ H_2SO_4
	0.68	$1mol \cdot L^{-1}$ HCl
	0.46	$2mol \cdot L^{-1}$ H_3PO_4
	0.51	$1mol \cdot L^{-1}$ HCl $0.25mol \cdot L^{-1}$ H_3PO_4
$H_3AsO_4+2H^++3e^- \rightleftharpoons H_3AsO_3+H_2O$	0.557	$1mol \cdot L^{-1}$ HCl
	0.557	$1mol \cdot L^{-1}$ $HClO_4$
$[Fe(EDTA)]^- +e^- \rightleftharpoons [Fe(EDTA)]^{2-}$	0.12	$0.1mol \cdot L^{-1}$ EDTA pH=4~6
	0.48	$0.01mol \cdot L^{-1}$ HCl
$[Fe(CN)_6]^{3-}+e^- \rightleftharpoons [Fe(CN)_6]^{4-}$	0.56	$0.1mol \cdot L^{-1}$ HCl
	0.71	$1mol \cdot L^{-1}$ HCl
	0.72	$1mol \cdot L^{-1}$ $HClO_4$
$I_2(水)+e^- \rightleftharpoons 2I^-$	0.628	$1mol \cdot L^{-1}$ H^+
$I_3^-+2e^- \rightleftharpoons 3I^-$	0.545	$1mol \cdot L^{-1}$ H^+
$MnO_4^-+8H^++e^- \rightleftharpoons Mn^{2+}+4H_2O$	1.45	$1mol \cdot L^{-1}$ $HClO_4$
	1.27	$8mol \cdot L^{-1}$ H_3PO_4
$Os(VII)+4e^- \rightleftharpoons Os(IV)$	0.79	$5mol \cdot L^{-1}$ HCl
$SnCl_6^{2-}+2e^- \rightleftharpoons SnCl_4^{2-}+2Cl^-$	0.14	$1mol \cdot L^{-1}$ HCl
$Sn^{2+}+2e^- \rightleftharpoons Sn$	−0.16	$1mol \cdot L^{-1}$ $HClO_4$
$Sb(V)+2e^- \rightleftharpoons Sb(III)$	0.75	$3.5mol \cdot L^{-1}$ HCl
$Sb(OH)_6^-+2e^- \rightleftharpoons SbO_2^-+2OH^-+2H_2O^-$	−0.428	$3mol \cdot L^{-1}$ NaOH
$SbO_2^-+2H_2O+3e^- \rightleftharpoons Sb+4OH^-$	−0.675	$10mol \cdot L^{-1}$ KOH
	−0.01	$0.2mol \cdot L^{-1}$ H_2SO_4
	0.12	$2mol \cdot L^{-1}$ H_2SO_4
$Ti(IV)+e^- \rightleftharpoons Ti(III)$	−0.04	$1mol \cdot L^{-1}$ HCl
	−0.05	$1mol \cdot L^{-1}$ H_3PO_4
	−0.32	$1mol \cdot L^{-1}$ NaAc
$Pb(II)+2e^- \rightleftharpoons Pb$	−0.14	$1mol \cdot L^{-1}$ $HClO_4$

表5 难溶化合物的溶度积常数（18℃）

难溶化合物	化学式	溶度积 K_{sp}^{θ}	温度/℃
氢氧化铝	$Al(OH)_3$	2×10^{-32}	
溴酸银	$AgBrO_3$	5.77×10^{-5}	25
溴化银	AgBr	4.1×10^{-13}	
碳酸银	Ag_2CO_3	6.15×10^{-12}	25
氯化银	AgCl	1.56×10^{-10}	25
铬酸银	Ag_2CrO_4	9×10^{-12}	25
氢氧化银	AgOH	1.52×10^{-8}	20

（续）

难溶化合物	化学式	溶度积 K_{sp}^0	温度/℃
碘化银	AgI	1.5×10^{-16}	25
硫化银	Ag$_2$S	1.6×10^{-49}	
硫氰酸银	AgSCN	0.49×10^{-12}	
碳酸钡	BaCO$_3$	8.1×10^{-9}	25
铬酸钡	BaCrO$_4$	1.6×10^{-10}	
草酸钡	BaC$_2$O$_4\cdot3\frac{1}{2}$H$_2$O	1.62×10^{-7}	
硫酸钡	BaSO$_4$	0.87×10^{-10}	
氢氧化铋	Bi(OH)	4.0×10^{-31}	
氢氧化铬	Cr(OH)$_3$	5.4×10^{-31}	
硫化镉	CdS	3.6×10^{-29}	

表6　常用酸碱指示剂（18～25℃）

指示剂名称	pH值变色范围	颜色变化	溶液配制方法
甲基紫（第一变色范围）	0.13～0.5	黄至绿	1g·L^{-1}或0.5 g·L^{-1}的水溶液
甲酚红（第一变色范围）	0.2～1.8	红至黄	0.4g指示剂溶于100mL 50%乙醇
甲基紫（第二变色范围）	1.0～1.5	绿至蓝	1 g·L^{-1}的水溶液
百里酚蓝（设想草酚蓝）（第一变色范围）	1.2～2.8	红至黄	0.1g指示剂溶于100 mL 20%乙醇
甲基紫（第三变色范围）	2.0～3.0	蓝至紫	1g·L^{-1}的水溶液
甲基橙	3.1～4.4	红至黄	1g·L^{-1}的水溶液
溴酚蓝	3.0～4.6	黄至蓝	0.1g指示剂溶于100 mL 20%乙醇
刚果红	3.0～5.2	蓝紫至红	1 g·L^{-1}的水溶液
溴甲酚绿	3.8～5.4	黄至蓝	0.1g指示剂溶于100 mL 20%乙醇
甲基红	4.4～6.2	红至黄	0.1或0.2g指示剂溶于100mL60%乙醇
溴酚红	5.0～6.8	黄至红	0.1或0.04g指示剂溶于100mL20%乙醇
百里酚蓝	6.0～7.6	黄至蓝	0.05g指示剂溶于100 mL 20%乙醇
中性红	6.8～8.0	红至亮黄	0.1g指示剂溶于100 mL 60%乙醇
酚红	6.8～8.0	黄至红	0.1g指示剂溶于100 mL 20%乙醇
甲酚红	7.2～8.8	亮黄至紫红	0.1g指示剂溶于100 mL 50%乙醇
百里酚蓝（麝香草酚蓝）（第二变色范围）	8.0～9.6	黄至蓝	0.05g指示剂溶于100 mL 20%乙醇
酚酞	8.2～10.0	无色至紫红	0.1g指示剂溶于100 mL 60%乙醇
百里酚酞	9.3～10.5	无色至蓝	0.1g指示剂溶于100 mL 90%乙醇

表7 常用金属离子指示剂

指示剂名称	离解平衡和颜色变化	溶液配制方法
铬黑 T(EBT)	$H_2In^- \xrightarrow{pK_{a2}^\theta=6.3} HIn^{2-} \xrightarrow{pK_{a3}^\theta=11.5} In^{3-}$ 紫红　　　　　　　　蓝　　　　　　　橙	$5g \cdot L^{-1}$ 水溶液
二甲酚橙（XO）	$H_3In^{4-} \xrightarrow{pK_a^\theta=6.3} H_2In^{5-}$ 黄　　　　　　　　红	$2g \cdot L^{-1}$ 水溶液
K–B 指示剂	$H_2In \xrightarrow{pK_{a1}^\theta=8} HIn^- \xrightarrow{pK_{a2}^\theta=13} In^{2-}$ 红　　　　　　　蓝　　　　　　紫红	0.2g 酸性铬蓝 K 与 0.4g 萘酚绿 B 溶于 100mL 水中
钙指示剂		$55g \cdot L^{-1}$ 乙醇溶液
吡啶偶氮萘酚（PAN）	$H_2In^+ \xrightarrow{pK_{a2}^\theta=7.4} HIn^{2-} \xrightarrow{pK_{a3}^\theta=13.5} In^{3-}$ 酒红　　　　　　　蓝　　　　　　　酒红	$1g \cdot L^{-1}$ 乙醇溶液
Cu–PAN(CuY–PAN 溶液)	$H_2In^+ \xrightarrow{pK_{a2}^\theta=1.9} HIn \xrightarrow{pK_{a3}^\theta=12.2} In^-$ 黄绿　　　　　　　黄　　　　　　　淡红 $CuY + PAN + M^{n+} = MY + Cu \text{ --- } PAN$ 浅绿　　　　　　　无色　　　　　　红色	将 0.05mol·L^{-1}Cu^{2+}液 10mL，加 pH5～6 的 HAc 缓冲液 5mL，1dPAN 指示剂，加热至 60℃左右，用 EDTA 滴定至绿色，得到约 0.025mol·L^{-1} 的 CuY 溶液；使用时取 2～3mL 于试液中，再加数滴 PAN 溶液
磺基水杨酸		$10g \cdot L^{-1}$ 水溶液
钙镁试剂（calmagite）	$H_2In \xrightarrow{pK_{a1}^\theta=2.7} HIn^- \xrightarrow{pK_{a2}^\theta=13.1} In^{2-}$ 无色	$5g \cdot L^{-1}$ 水溶液
	$H_2In^- \xrightarrow{pK_{a2}^\theta=8.4} HIn^{2-} \xrightarrow{pK_{a3}^\theta=13.4} In^{3-}$ 红　　　　　　　蓝　　　　　　红橙	

注：EBT、钙指示剂、K–B 指示剂等在水溶液中稳定性较差，可以配成指示剂与 NaCl 之比为 1：100 或 1：200 的固体粉末。

表8 一些常用的氧化还原指示剂

指示剂名称	$\varphi_{In}^\theta/V,pH=0$	颜色 变化		溶液配制方法
		氧化态	还原态	
二苯胺	0.76	紫	无色	$10g \cdot L^{-1}$ 的浓 H$_2$SO$_4$ 溶液
二苯胺磺酸钠	0.85	紫红	无色	$5g \cdot L^{-1}$ 的水溶液
N–邻苯氨基苯甲酸	1.08	紫红	无色	0.1g 指示剂加 20mL 50g 的浓 Na$_2$CO$_3$ 溶液，用水稀释至 100mL
邻二氮菲–Fe(Ⅱ)	1.06	浅蓝	红	1.485g 邻二氮菲加 0.965gFeSO$_4$，溶解，稀释至 100 mL（0.025mol·L^{-1} 水溶液）
5–硝基邻二氮菲–Fe(Ⅱ)	1.25	浅蓝	紫红	1.608g 5–硝基邻二氮菲–Fe(Ⅱ) 0.695gFeSO$_4$，溶解，稀释至 100mL（0.025mol·L^{-1} 水溶液）

表9 一些常用的吸附指示剂

名称	配制	用于测定		
		可测元素（括号内为滴定剂）	颜色变化	测定条件
荧光黄	1%钠盐水溶液	Cl$^-$, Br$^-$, SCN$^-$(Ag$^+$)	黄绿至粉红	中性或弱碱性
二绿荧光黄	1%钠盐水溶液	Cl$^-$, Br$^-$, I$^-$(Ag$^+$)	黄绿至粉红	pH = 4.4～7.2
四溴荧光黄（曙红）	1%钠盐水溶液	Br$^-$, I$^-$(Ag$^+$)	橙红至红黄	pH = 1～2

表10 常用缓冲溶液的配制

缓冲溶液组成	pK_a^θ	缓冲液 pH 值	缓冲溶液配制方法
氨基乙酸–HCl	2.35 (pK_{a1}^θ)	2.3	取氨基乙酸 150g 溶于 500mL 水中，加浓 HCl 溶液 80mL
H₃PO₄–柠檬酸盐		2.5	取 Na₂HPO₄·12H₂O 113g 溶于 200mL 水中，加柠檬酸 387g 溶解，过滤后，稀释至 1L
一氯乙酸–NaOH	2.86	2.8	取 200g 一氯乙酸溶于 200mL 水中，加 NaOH 4g，溶解，稀释至 1L
邻苯二甲酸氢钾–HCl	2.95 (pK_{a1}^θ)	2.9	取 500g 邻苯二甲酸氢钾溶于 500mL 水中，加浓 HCl 溶液 80mL，稀释至 1L
甲酸–NaOH	3.76	3.7	取 95g 甲酸和 NaOH 40g 于 500mL 水中，溶解，稀释至 1L
NaAc–HAc	4.74	4.7	取无水 NaAc 83g 溶于水中，加冰醋酸 60mL，稀释至 1L
六亚甲基四胺–HCl	5.15	5.4	取六亚甲基四胺 40g 溶于 200mL 水中，加浓 HCl 10mL，稀释至 1L
Tris–HCl [三羟甲基氨基甲烷 CNH₂(HOCH₂)₃]	8.21	8.2	取 25g Tris 试剂溶于水中，加浓 HCl 溶液 8mL，稀释至 1L
NH₃–NH₄Cl	9.26	9.2	取 NH₄Cl 54g 溶于水中，加浓氨水 63mL，稀释至 1L

注：（1）缓冲溶液配制后可用 pH 试纸检查。如 pH 值不对，可用共轭酸或共轭碱调节。pH 值欲调节精确时，可用 pH 计调节。
（2）若需增加或减少缓冲液的缓冲容量时，可相应增加或减少共轭酸或共轭碱的物质的量，再调节之。

表11 相对原子质量表

符号	名称	相对原子质量	名称	符号	相对原子质量	符号	名称	相对原子质量	符号	名称	相对原子质量
Ac	锕	[227]	Er	铒	167.26	Mn	锰	54.93805	Ru	钌	101.07
Ag	银	107.8682	Es	锿	[227]	Mo	钼	95.94	S	硫	32.065
Al	铝	26.98154	Eu	铕	151.965	N	氮	14.00674	Sb	锑	121.760
Am	镅	[243]	F	氟	18.9984032	Na	钠	22.989768	Sc	钪	44.955910
Ar	氩	39.948	Fe	铁	55.845	Nb	铌	92.90638	Se	硒	78.96
As	砷	74.92159	Fm	镄	[257]	Nd	钕	144.24	Si	硅	28.0855
At	砹	[210]	Fr	钫	[223]	Ne	氖	20.1797	Sm	钐	150.36
Au	金	196.96654	Ga	镓	69.723	Ni	镍	58.6934	Sn	锡	118.710
B	硼	10.811	Gd	钆	157.25	No	锘	[254]	Sr	锶	87.62
Ba	钡	137.327	Ge	锗	72.61	Np	镎	237.0482	Ta	钽	180.9479
Be	铍	9.012182	H	氢	1.00794	O	氧	15.9994	Tb	铽	158.92534
Bi	铋	208.98037	He	氦	4.002602	Os	锇	190.23	Tc	锝	98.9062
Bk	锫	[247]	Hf	铪	178.49	P	磷	30.973762	Te	碲	127.60
Br	溴	79.904	Hg	汞	200.59	Pa	镤	231.03588	Th	钍	232.0381
C	碳	12.011	Ho	钬	164.93032	Pb	铅	207.2	Ti	钛	47.867
Ca	钙	40.078	I	碘	126.90447	Pd	钯	106.42	Tl	铊	204.3833
Cd	镉	112.411	In	铟	114.818	Pm	钷	[145]	Tm	铥	168.93421
Ce	铈	140.115	Ir	铱	192.217	Po	钋	[～210]	U	铀	238.0289
Cf	锎	[251]	K	钾	39.0983	Pr	镨	140.90765	V	钒	50.9415

（续）

元素		相对原子质量	元素		相对原子质量	元素		相对原子质量	元素		相对原子质量
符号	名称		名称	符号		符号	名称		符号	名称	
Cl	氯	35.4527	Kr	氪	83.80	Pt	铂	195.08	W	钨	182.84
Cm	锔	[247]	La	镧	138.9055	Pu	钚	[244]	Xe	氙	131.29
Co	钴	58.93320	Li	锂	6.941	Ra	镭	226.0254	Y	钇	88.90585
Cr	铬	51.9961	Lr	铹	[257]	Rb	铷	85.4678	Yb	镱	173.04
Cs	铯	132.90543	Lu	镥	174.967	Re	铼	186.207	Zn	锌	65.39
Cu	铜	63.546	Md	钔	[256]	Rh	铑	102.90550	Zr	锆	91.224
Dy	镝	162.50	Mg	镁	24.3050	Rn	氡	[222]			

表 12 一些化合物的相对摩尔质量

化合物	相对摩尔质量	化合物	相对摩尔质量	化合物	相对摩尔质量
Ag_3AsO_4	462.52	$Ce(SO_4)_2 \cdot 4H_2O$	404.30	H_3BO_3	61.83
$AgBr$	187.77	$CoCl_2$	129.84	HBr	80.912
$AgCl$	143.32	$CoCl_2 \cdot 6H_2O$	237.93	HCN	27.026
$AgCN$	133.89	$Co(NO_3)_2$	132.94	$HCOOH$	46.026
$AgSCN$	165.95	$Co(NO_3)_2 \cdot 6H_2O$	291.03	CH_3COOH	60.052
Ag_2CrO_4	331.73	CoS	90.99	H_2CO_3	62.025
AgI	234.77	$CoSO_4$	154.99	$H_2C_2O_4$	90.035
$AgNO_3$	169.87	$CoSO_4 \cdot 7H_2O$	281.10	$H_2C_2O_4 \cdot 6H_2O$	126.07
$AlCl_3$	133.34	$Co(NH_4)_2$	60.06	HCl	36.461
$AlCl_3 \cdot 6H_2O$	241.43	$CrCl_3$	158.35	HF	20.006
$Al(NO_3)_3$	213.00	$CrCl_3 \cdot 6H_2O$	266.45	HI	127.91
$Al(NO_3)_3 \cdot 9H_2O$	375.13	$Cr(NO_3)_3$	238.01	HIO_3	175.91
Al_2O_3	101.96	Cr_2O_3	151.99	HNO_3	63.013
$Al(OH)_3$	78.00	$CuCl$	98.999	HNO_2	47.013
$Al_2(SO_4)_3$	342.14	$CuCl_2$	134.45	H_2O	18.015
$Al_2(SO_4)_3 \cdot 18H_2O$	666.41	$CuCl_2 \cdot 2H_2O$	170.48	H_2O_2	34.015
As_2O_3	197.84	$CuSCN$	121.62	H_3PO_4	97.995
As_2O_5	229.84	CuI	190.45	H_2S	34.08
As_2S_3	246.02	$Cu(NO_3)_2$	187.56	H_2SO_3	82.07
$BaCO_3$	197.34	$Cu(NO_3)_2 \cdot 3H_2O$	241.60	H_2SO_4	98.07
BaC_2O_4	225.35	CuO	79.545	$Hg(CN)_2$	252.63
$BaCl_2$	208.24	Cu_2O	143.09	$HgCl_2$	271.50
$BaCl_2 \cdot 2H_2O$	244.27	CuS	95.61	Hg_2Cl_2	472.09
$BaCrO_4$	253.32	$CuSO_4$	159.60	HgI_2	454.40
BaO	153.33	$CuSO_4 \cdot 5H_2O$	249.68	$Hg_2(NO_3)_2$	525.19
$Ba(OH)_2$	171.34	$FeCl_2$	126.75	$Hg_2(NO_3)_2 \cdot 2H_2O$	561.22
$BaSO_4$	233.29	$FeCl_2 \cdot 4H_2O$	198.81	$Hg(NO_3)_2$	324.60
$BiCl_3$	315.34	$FeCl_3$	162.21	HgO	216.59

（续）

化合物	相对摩尔质量	化合物	相对摩尔质量	化合物	相对摩尔质量
$BiOCl$	260.43	$FeCl_3 \cdot 6H_2O$	270.30	HgS	232.65
CO_2	44.01	$FeNH_4(SO_4)_2 \cdot 12H_2O$	482.18	$HgSO_4$	296.65
CaO	56.08	$Fe(NO_3)_3$	241.86	Hg_2SO_4	497.24
$CaCO_3$	100.09	$Fe(NO_3)_3 \cdot 9H_2O$	404.00	$KaI(SO_4)_2 \cdot 12H_2O$	474.38
CaC_2O_4	128.10	FeO	71.846	KBr	119.00
$CaCl_2$	110.99	Fe_2O_3	159.69	$KbrO_3$	167.00
$CaCl_2 \cdot 6H_2O$	219.08	Fe_3O_4	231.54	KCl	74.551
$Ca(NO_3)_2 \cdot 4H_2O$	236.15	$Fe(OH)_3$	106.87	$KclO_3$	122.55
$Ca(OH)_2$	74.09	FeS	87.91	$KclO_4$	138.55
$Ca(PO_4)_2$	310.18	Fe_2S_3	207.87	KCN	65.116
$CaSO_4$	136.14	$FeSO_4$	151.90	$KSCN$	97.18
$CdCO_3$	172.42	$FeSO_4 \cdot 7H_2O$	278.01	K_2CO_3	138.21
$CdCl_2$	183.32	$FeSO_4(NH_4)_2 SO_4 \cdot 6H_2O$	392.13	K_2CrO_4	194.19
CdS	144.47	H_3AsO_3	125.94	$K_2Cr_2O_7$	294.18
$Ce(SO_4)_2$	332.24	H_3AsO_4	141.94	$K_3Fe(CN)_6$	329.25
$K_4Fe(CN)_6$	368.35	NH_4CO_3	79.055	$PbCl_2$	278.10
$Kfe(SO_4)_2 \cdot 12H_2O$	503.24	$(NH_4)_2MoO_4$	196.01	$PbCrO_4$	323.20
$KHC_2O_4 \cdot H_2O$	146.14	NH_4NO_3	80.043	$Pb(CH_3COO)_2$	325.30
$KHC_2O_4 \cdot H_2C_2O_4 \cdot 2H_2O$	254.19	$(NH_4)_2HPO_4$	132.06	$Pb(CH_3COO)_2 \cdot 3H_2O$	379.30
$KHC_4H_4O_6$	188.18	$(NH_4)_2S$	68.14	PbI_2	461.00
$KHSO_4$	136.16	$(NH_4)_2SO_4$	132.06	$Pb(NO_3)_2$	331.20
KI	166.00	NH_4VO_3	116.98	PbO	223.20
KIO_3	214.00	Na_3AsO_3	191.89	PbO_2	239.20
$KIO_3 \cdot HIO_3$	389.91	NaB_4O_7	201.22	$Pb_3(PO_4)_2$	811.54
$KmnO_4$	158.03	$NaB_4O_7 \cdot 10H_2O$	381.37	PbS	239.30
$KnaC_4H_4O_6 \cdot 4H_2O$	282.22	$NaBiO_3$	297.97	$PbSO_4$	303.30
KNO_3	101.10	$NaCN$	49.007	SO_3	80.06
KNO_2	85.104	$NaSCN$	81.07	SO_2	64.06
K_2O	94.196	Na_2CO_3	105.99	$SbCl_3$	228.11
KOH	56.106	$Na_2CO_3 \cdot 10H_2O$	286.09	$SbCl_5$	299.02
K_2SO_4	174.25	NaC_2O_4	134.00	Sb_2O_3	291.50
$MgCO_3$	84.314	CH_3COONa	82.034	SiF_4	104.08
$MgCl_2$	95.211	$CH_3COONa \cdot 3H_2O$	136.08	SiO_2	60.084
$MgCl_2 \cdot 6H_2O$	203.30	$NaCl$	58.443	$SnCl_2$	189.62
MgC_2O_4	112.33	$NaClO$	74.442	$SnCl_2 \cdot 2H_2O$	225.65
$Mg(NO_3)_2 \cdot 6H_2O$	256.41	$NaHCO_3$	84.007	$SnCl_4$	260.52
$MgNH_4PO_4$	137.32	$Na_2HPO_4 \cdot 12H_2O$	358.14	$SnCl_4 \cdot 5H_2O$	350.596
MgO	40.304	$Na_2H_2Y \cdot 2H_2O$	372.24	SnO_2	150.71
$Mg(OH)_2$	58.32	$NaNO_2$	68.995	SnS	150.776
$Mg_2P_2O_7$	222.55	$NaNO_3$	84.995	$SrCO_3$	147.63

（续）

化合物	相对摩尔质量	化合物	相对摩尔质量	化合物	相对摩尔质量
$MgSO_4 \cdot 4H_2O$	246.47	Na_2O	61.979	SrC_2O_4	175.64
$MnCO_3$	114.95	Na_2O_2	77.978	$SrCrO_4$	203.61
$MnCl_2 \cdot 4H_2O$	197.91	$NaOH$	39.997	$Sr(NO_3)_2$	211.63
$Mn(NO_3)_2 \cdot 6H_2O$	287.04	Na_3PO_4	163.94	$Sr(NO_3)_2 \cdot 4H_2O$	283.69
MnO	70.937	Na_2S	78.04	$SrSO_4$	183.68
MnO_2	86.937	$Na_2S \cdot 9H_2O$	240.18	$UO_2(CH_3COO)_2 \cdot 2H_2O$	424.15
MnS	87.00	Na_2SO_3	126.04	$ZnCO_3$	125.39
$MnSO_4$	151.00	Na_2SO_4	142.04	ZnC_2O_4	153.40
$MnSO_4 \cdot 4H_2O$	223.06	$Na_2S_2O_3$	158.10	$ZnCl_2$	136.29
NO	30.006	$Na_2S_2O_3 \cdot 5H_2O$	248.17	$Zn(CH_3COO)_2$	183.47
NO_2	46.006	$NiCl_2 \cdot 6H_2O$	237.69	$Zn(CH_3COO)_2 \cdot 2H_2O$	219.50
NH_3	17.03	NiO	74.69	$Zn(NO_3)_2$	189.39
CH_3COONH_4	77.083	$Ni(NO_3)_2 \cdot 6H_2O$	290.79	$Zn(NO_3)_2 \cdot 6H_2O$	297.48
NH_4Cl	53.491	NiS	90.75	ZnO	81.38
$(NH_4)_2CO_3$	96.086	$NiSO_4 \cdot 7H_2O$	280.85	ZnS	97.44
$(NH_4)_2C_2O_4$	124.10	P_2O_5	141.94	$ZnSO_4$	161.44
$(NH_4)_2C_2O_4 \cdot H_2O$	142.11	$PbCO_3$	267.20	$ZnSO_4 \cdot 7H_2O$	287.54
NH_4SCN	76.12	PbC_2O_4	295.22	$KHC_8H_4O_4$	204.2

附录二　物质分析方案的综合设计及其示例

1. 设计实验的目的和意义

实验教学体系分"基础训练→综合实验→设计型实验"三个层次。通过基础训练实验教学，目的是使学生掌握分析化学实验基本理论，典型的分析方法和基本操作技能，并能够正确地使用仪器设备，正确地采集、记录、处理实验数据和表达实验结果，学会分析化学实验的基本方法，养成学生良好的科学研究习惯；通过综合实验，针对复杂的样品，需将各个单一的分析内容联系起来，灵活运用学过的知识使技能得到巩固、充实与提高，进一步培养学生综合运用知识技能分析问题和解决问题的能力，提高分析判断、逻辑推理、得出结论的能力。以此掌握化学研究的一般方法；在完成基础性、综合性实验的基础上，为了激发学生自主学习的积极性和探索、开创精神，更进一步的培养学生创新思维的能力、独立解决实际问题的能力及组织管理能力，安排一些研究设计性实验，进行科学研究的初步训练。

综合设计实验的目的就是在于培养学生独立思考、独立操作、独立解决实际问题的能力。整个实验过程遵循学生为主，教师为辅的原则，由教师提出实验的方向、目的和要求，学生从选题、查阅资料、方案制订、实际操作、及记录、数据处理等都独立完成，教师最终给予评价。

2. 实施步骤

设计性实验是指给定实验目的和要求及实验条件，由学生自行设计实验方案并加以实现的实验。通常可分为五个阶段：

（1）选题

教师给学生提供课题或有学生自行命题。自行命题时须注意选题不宜太大，应结合已掌握知识技能及实验室条件，在教师指导下选择1～3天内可能完成的实验题目。可以选择针对某分析任务、分析方法的建立或改进，或利用已建立的方法对某实际样品体系的分析检验。同时应注意鼓励学生对实验条件进行探索性的研究，例如试样的处理、反应介质、酸度、温度、共存组分的干扰和消除等、试剂的用量和指示剂的选择等，从而确定实验的最优条件。

（2）文献资料查阅及综述

根据实验的分析目的及要求，通过查阅手册、工具书、文摘、期刊、因特网及其他信息源进行信息检索，然后再根据得到的信息，研究课题的相关文献，对相关课题的研究现状进行全面系统的调研、总结，写出综述。最后在此基础上拟定自己的研究目标。

（3）实验方案的制订

研究目标确定后，结合实验室条件，独立设计制定切实可行的实验方案。方案的内容包括分析方法及简要原理、所用的仪器和试剂（包含所用试剂的配制）、具体实验步骤（试样的处理和初步测定、标准溶液的配制和标定、条件试验的研究、待测组分的测定），实验结果的计算公式及参考资料等。

需要注意的是：分析方法的选择至关重要，选择时应综合考虑以下几个因素。

① 对测定的要求：在成品的常量组分、标准试样和基准物质含量的测定、结果等方面准确度是主要的；在微量组分的测定中灵敏度是主要的；在生产过程中进行控制分析时，测定的速度时主要的。即实验中应根据测定的具体要求选择合适的方法。

② 待测组分的性质：在酸碱性、氧化还原性、配位性能、沉淀性能等方面，通常根据其性能确定选择合适的滴定分析方法。

③ 待测组分的含量：根据各种待测组分的不同含量，选择不同的实验方法。入常量组分通常采用滴定分析法和重量分析法；微量组分采用光度法或其他仪器分析方法。

④ 共存组分干扰和消除

总之，在保证分析结果准确度的前提下，选择简便、快速、经济、环保的分析方法。

（4）实验研究

在研究过程中，学生应独立完成所有的实验，包括实验的准备、初步实验、正式实验。

准备实验：实验所用试剂、仪器、设备的准备等，此阶段的工作关乎着整个实验是否能顺利进行，因此，应予以足够的重视。

初步实验：对于某些待测组分，当试样的大致含量不十分清楚的测定工作，须首先进行初步测定，以确定实验的取样量、标准溶液的浓度、滴定管的体积等。

正式实验：在实验过程中，必须以严谨的科学态度进行各项工作，做好实验数据的记录，同时还要充分发挥观察力、想象力和逻辑思维判断力，对整个实验中出现的各种现象、数据进行分析与评价。发现原实验方案如有不完善的地方，应予以改进和完善。

（5）论文的写作

实验结束后，需按实验的实际做法，根据实验记录进行整理，对所设计的实验方案和实验结果进行评价，并对实验中的现象和问题进行讨论，总结归纳实验规律，以小篇幅的论文形式完成实验报告。报告内容大致包括以下几个放面：

① 实验题目。

② 概述（实验相关的研究概述，方法要点，注明出处，最后列出参考文献）

③ 拟定方法的原理。

④ 仪器与试剂。

⑤ 实验步骤（标定、测定及其他试验步骤）。

⑥ 数据记录和结果（写出有关计算公式）

⑦ 实验讨论。

⑧ 参考文献。

（6）成绩评定

论文提交后，可在学生中进行讨论交流，最后指导老师结合学生实验过程中的表现给出成绩评定。

3. 一个物质分析方案的综合设计

常常要考虑以下几个主要问题：

（1）样品的采集

分析样品应具有代表性。对固体矿样的采样可按照地址部门的规定进行；水样、大气样品的采集，应按照环境分析标准进行操作。必要时，需查阅有关资料。

（2）试样分析

分解试样的方法，通常有水溶、酸溶和熔融等方法，试验时应根据样品的对象和分析方法进行溶剂选择。

通常在基础分析化学的综合设计中，一般不考虑熔融法溶解试样。而是依据样品的理化参数确定试样溶解于下面的那一种试剂中，必要之时可加热：

① 水

② $4mol \cdot L^{-1}$ HCl；

③ $4mol \cdot L^{-1}$ HNO_3；

④ 浓 HCl、浓 HNO_3 和王水等.

无机盐类化合物，可用水溶解，但应注意溶解过程中离子的水解和生成碱式盐沉淀等各种问题（如 BiOCl、SbOCl 等）

稀 HCl、稀 HNO_3 能溶解很多试样。但当有与稀酸难以反应的物质时，可使用浓酸溶解。对于 HNO_3 的溶解，由于 HNO_3 具有氧化性，因此，必须注意许多可变价离子的变价可能。例如一种黄铜合金，其中含有 Cu、Pb、Zn 等元素，欲做全分析时，则不能用 H_2SO_4 做溶剂进行溶解，因此时 Pb 会与 H_2SO_4 形成 $PbSO_4$ 的沉淀。而另一种青铜合金，则其中含有金属 Sn，故不能单独用 HNO_3 做溶剂分解试样，因此时金属 Sn 与 HNO_3 可产生 H_2SnO_3 沉淀。另有许多矿样，往往需用熔融法才能将其溶解完全。

（3）试样的成分分析

未知成分的试样分析时，应使用定性的方法进行鉴定，定性分析主要有硫化氢系统分析和发射光谱法两种分析方法。

（4）分析方法的选择

对于分析工作来说，选择好的分析方法是很复杂的问题。如，从分析对象看，应考虑试样是无机化合物还是有机化合物；从要求分析的组分看，存在重量分析和全分析的问题；从所测组分的含量看，有常量分析和微量分析的问题，具体试验中又需要决定是选用那种适合常量分析的滴定分析分、质量分析法，或选用那种微量分析法（如分光光度法等）。此外，现代分析中，还有状态分析、表面分析和微区分析等问题。

在实验三十五酸碱混合物中各组分的测定的综合性设计实验中，同样存在着许多问题要综合考虑，也同样适合其它三大滴定分析的方案设计。试验中也都必须注意浓度、温度、酸度和干扰物质的影响等等。

在配位滴定分析中，能否控制酸度进行滴定是首先要考虑的问题；其次，掩蔽剂的选择和应用是配位滴定成功的关键，至于掩蔽方法，存在着配位法、氧化还原法、沉淀法和动力学等方法；而在滴定过程中，指示剂的选择又是至关重要的，其中要特别注意金属离子指示剂的酸碱性质和配位性质所造成的滴定误差。例如，$Bi^{3+}-Fe^{3+}$ 混和体系，它们的 Ka 值相近，不能直接用控制酸度滴定法滴定。可用氧化还原掩蔽法，将 Fe^{3+} 还原为 Fe^{2+}，然后在控制好的酸度下进行分别滴定。

再如，Ca^{2+}-EDTA 混和液的滴定。可利用溶液在 pH＝10 时，Ca^{2+} 与 EDTA 可定量配合，而在 pH＝4～5 时，Ca^{2+} 可从 CaY 中完全游离出来的原理，用 Zn^{2+} 标液和 EDTA 标液在不同酸度下滴定的方法分别测定它们的含量。

在氧化还原滴定法中，有 $KMnO_4$ 法、$K_2Cr_2O_7$ 法及碘量法，其中碘量法是十分重要且可灵活运用的方法。例如，KIO_3-KI 混和试液的测定，从以下三个方面考虑，则很容易分别测定，即：一是在 $0.2mol\cdot L^{-1}H_2SO_4$ 介质中，可反应析出 I_2，然后用 $Na_2S_2O_3$ 标液测得 I_2 析出得含量；二是在酸性介质中加入 KIO_3 或 KI，由析出 I_2 的量可求出 KI 或 KIO_3 的含量；三是由差减法求出另一物质的含量。

沉淀滴定法中，当运用不同的方法，控制滴定条件，测定通常都很容易完成。

在分析设计方案中，往往同一种成分的测定，可以选用不同的滴定方法进行测定。如，常量的 Fe^{3+}，可用配位滴定法，也可用氧化还原滴定法测定。

但必须指出，设计分析方案时，滴定剂的浓度和被测物取样量通常都考虑的是：酸碱滴定法、氧化还原滴定法和沉淀滴定法，一般可以按 $0.1mol\cdot L^{-1}$ 浓度来设计和取量，而配位滴定法的滴定，通常以 $0.01mol\cdot L^{-1}$ 浓度考虑取样。

（5）分析方案设计要求

设计方案要求通常要求具体、详细，包括设计原理的论述、需使用的试剂和仪器、实验操作步骤、分析结果计算和讨论等。同时还要求学生仔细查阅资料，然后，按实验内容及要求写出实验报告，最终交给实验指导老师审阅。

4. 设计实验参考选题

下面是分析化学中各种滴定分析的分析设计方案的典型示例，仅供参考（酸碱滴定法实验见实验三十五）。

（一）酸碱滴定法

1. $NaOH$ – Na_3PO_4 混和碱中各组分含量的测定

2. NH_3 – NH_4Cl 混和液中各组分浓度的测定

3. HCl – NH_4Cl 混和液中各组分浓度的测定

4. Na_2HPO_4 – NaH_2PO_4 混和液中各组分浓度的测定

5. HCl – H_3BO_4 混和液中各组分浓度的测定

6. 福尔马林中甲醛含量的测定

（二）配位滴定法

1. Bi^{3+}-Fe^{3+} 混和液各组分含量的测定；

2. Zn^{2+}-Ca^{2+} 混和液各组分含量的测定；

3. Ca^{2+}-EDTA 混和液各组分含量的测定；

4. Zn^{2+}-EDTA 混和液各组分含量的测定；

5. Fe^{2+}-Al^{3+} 混和液各组分含量的测定（注意：Al^{3+} 应考虑用返滴定法或置换滴定法测定）；

6. Mg –EDTA 溶液中两组分浓度的测定；

7. Cu^{2+}- Zn^{2+} 溶液中两组分浓度的测定；

8. Fe^{3+}-Al^{3+} 溶液中双组分浓度的测定（注意：Al^{3+} 应考虑用返滴定法或置换滴定法测定）；

9. Al^{3+}- Pb^{2+} 溶液中双组分浓度的测定

10. 复方氢氧化铝药片中铝和镁的测定

11. 黄铜合金中 Cu、Zn 含量的测定（注意：实验中应考虑合金中杂质干扰问题）。鸡蛋壳中钙含量的测定

12. 保险丝中铅含量的测定

13. 黄铜中铜、锌含量的测定

14. 海产品中钙、镁、铁含量的测定

15. 石灰石或白云石中 CaO 及 MgO 含量的测定铜锡镍合金溶液中的铜、锡、镍连续测定

（三）氧化还原滴定法

1. KIO_3-KI 混和试液中各组分含量的测定；

2. 钢铁试样中 Cr-Mn 含量的测定；

3. 钢铁试样中 Cr-V 含量的测定；

4. 漂白粉中有效氯含量的测定；

5. H_2O_2 含量的测定；

6. 铁矿石中 Fe_2O_3 和 FeO 含量的测定；

7. 碘量法测定 Cu^{2+}- Fe^{2+} 溶液中 Cu 浓度的条件试验研究；

（四）沉淀滴定法

1. 含 NaCl 杂质的 $FeCl_3$ 试样中 Fe、Cl^- 含量的测定；

2. NaCl‐Na_2SO_4 混和液中 SO_4^{2-}、Cl^- 含量的测定；

3. HCl-$FeCl_3$ 混和液中 HCl-Fe^{3+} 含量的测定；

4. HCl-NaCl‐$MgCl_2$ 溶液中个组分浓度的测定；

5. 硅酸盐水泥中含量的测定；

6. 铅精矿中铅的测定；

（五）仪器分析实验

1. 菠菜、洋葱、竹笋等蔬菜中草酸、铁含量的测定

2. 油菜、香菜等蔬菜中钙、镁、铁含量的测定

3. 蓖麻油碘价的测定

4. 酿造酱油中氨基酸态氮的测定

5. 水产品及水发食品中残留甲醛的检验

6. 果汁中防腐剂苯甲酸的测定

7. 苹果中果胶的测定

8. 食用植物油酸价、过氧化值测定

9. 酱油质量检验

10. 松花蛋 pH 值、游离酸度、总酸度、挥发性盐基氮、铅的测定

11. 北京市饮用水源或自来水水质分析

主要参考书

[1] 刘淑萍，高筠，孙晓然，高桂霞编著. 分析化学实验教程. 北京：冶金工业出版社，2004

[2] 方能虎主编. 实验化学（上下册）. 北京：科学出版社，2005

[3] 段玉峰主编. 综合训练与设计. 北京：科学出版社，2001

[4] 袁书玉，李兆陇，尉京志，崔爱莉主编. 现代化学实验基础. 北京：清华大学出版社，2006

[5] 刘约权，李贵深主编. 实验化学（上下册）. 北京：高等教育出版社，1999

[6] 朱嘉云主编. 有机分析. 北京：化学工业出版社，2004

[7] 杜登学，马万勇主编. 基础化学实验简明教程. 北京：化学工业出版社，2007

[8] 张小林，余淑娴，彭在姜主编. 北京：化学工业出版社，2006

[9] 杨梅，梁信源，黄福嵊编. 分析化学实验. 上海：华东理工大学出版社，2005

[10] 张寒琦，徐家宁主编. 综合和设计化学实验. 北京：高等教育出版社，2006

[11] 柯以侃，王桂花主编. 大学化学实验（第二版）. 北京：化学工业出版社

[12] 柯以侃主编. 大学化学实验（第一版）. 北京：化学工业出版社